In 30 Minuten wissen Sie mehr!

Dieses Buch ist so konzipiert, dass Sie in kurzer Zeit prägnante und fundierte Informationen aufnehmen können. Mithilfe eines Leitsystems werden Sie durch das Buch geführt. Es erlaubt Ihnen, innerhalb Ihres persönlichen Zeitkontingents (von 10 bis 30 Minuten) das Wesentliche zu erfassen.

Kurze Lesezeit

In 30 Minuten können Sie das ganze Buch lesen. Wenn Sie weniger Zeit haben, lesen Sie gezielt nur die Stellen, die für Sie wichtige Informationen beinhalten.

- Alle wichtigen Informationen sind blau gedruckt.

- Schlüsselfragen mit Seitenverweisen zu Beginn eines jeden Kapitels erlauben eine schnelle Orientierung: Sie blättern direkt auf die Seite, die Ihre Wissenslücke schließt.

- *Zahlreiche Zusammenfassungen innerhalb der Kapitel erlauben das schnelle Querlesen.*

- Ein Fast Reader am Ende des Buches fasst alle wichtigen Aspekte zusammen.

- Ein Register erleichtert das Nachschlagen.

Inhalt

Vorwort

Jeder Mensch – egal ob in der Rolle des Kunden, des Mitarbeiters, des Lieferanten oder im privaten Kontext – umgibt sich vorzugsweise mit solchen Menschen, die dieselben Wertvorstellungen haben. In diesem Zusammenschluss Gleichgesinnter fühlt sich der Mensch wohl, bringt sein Wissen und seine Ideen gerne ein und ist offen für die Meinungen anderer. Was bedeutet das für werteorientiertes Führen?

Jedes Unternehmen, das heute erfolgreich sein möchte, muss mit seinen Unternehmenswerten nicht nur die Erwartungen der Aktionäre treffen, sondern auch die der Mitarbeiter und der Allgemeinheit als Ganzes. Kann sich ein Mitarbeiter mit den Unternehmenswerten seines Arbeitgebers identifizieren, ist er auch eher bereit, sich für das Unternehmen einzusetzen. Im Umkehrschluss kann ein Mitarbeiter nicht voll hinter einem Unternehmen und der Arbeit stehen, die er dafür leistet, wenn dieses nicht seinen Werten entsprechend aufgestellt ist.

Entscheidend für Unternehmen heute sind allerdings die Zahlen – der Mensch wird dabei leider meist nicht beachtet. Bringt ein Mitarbeiter gute Leistungen, ist er „sein Geld wert". Bringt er diese nicht, wird er schnell ersetzt. Dass ein Unternehmen, und mit ihm die Führung, es jedoch selbst in der Hand hat, „wertvolle" Mitarbeiter zu bekommen und auch zu halten, haben viele Führungskräfte noch nicht begriffen.

Wer seine Mitarbeiter gerne in seinem Unternehmen halten möchte, muss mit seinen Unternehmenswerten auf deren Bedürfnisse eingehen und ihnen eine Arbeitsstelle bieten, die sie persönlich erfüllt. Das Gleiche gilt für das Anwerben neuer Mitarbeiter. Und Werte spielen dabei die Hauptrolle, denn: Erfolgreich ist, wer seine Werte lebt. Mehr als zuvor haben Unternehmen das Ziel, dass ihre Werte von Führungskräften und Mitarbeitern mitgelebt und als Richtschnur zur Orientierung nach innen und außen angewandt werden. Dafür müssen sie etwas tun.

Doch was macht Werte so besonders? Welchen Einfluss haben Werte auf unser Denken und Handeln? Wie kann werteorientierte Führung Unternehmen nachhaltig erfolgreicher machen?

Ich möchte Ihnen dieses eher schwer greifbare Thema gerne in 30 Minuten näherbringen – denn es steckt so viel dahinter und kann so vieles bewegen.

Viel Erfolg beim werteorientierten Führen wünscht Ihnen

Rainer Krumm

30 MINUTEN

1. Werteorientiertes Führen

Woher kommt die Kraft, die alle Menschen – Führungs-kräfte aber im Besonderen – jeden Tag brauchen? Jene Kraft, die dann nötig ist, wenn Spaß und Motivation aufgebraucht, alle Methoden wirkungslos geworden und alle Tricks verpufft sind – aber die Aufgabe noch nicht erfüllt, das Ziel noch nicht erreicht ist?

Die Antwort liegt in den Werten. Werte sind Orientie-rungsgrößen, Antreiber, sie sind unser Maßstab dafür, was richtig und was falsch ist, sie sind die Leitplanken für unser Denken und Handeln. Werden die Werte mit Füßen getreten, sind wir nicht motiviert und enga-giert.

1.1 Bedeutung der Führung

So unterschiedlich wir Menschen sind, so unterschiedlich möchten wir führen bzw. geführt werden. Passen zum Beispiel die Persönlichkeiten nicht zur Aufgabenstellung oder zum Umfeld, in dem wir arbeiten, können wir nicht unseren optimalen Einsatz bringen. Für das Leadership bedeutet das: Ist Führung nicht passend (kongruent) zu den Werten, wirkt sie nicht und löst beim Mitarbeiter Widerstand aus.
Führung formt ein Unternehmen im Innern. Das Verhalten der Unternehmensführung ist dabei der entscheidende Faktor für die Unternehmenskultur. Verändert die Führung ihr Verhalten – wie zum Beispiel in einem Veränderungsprozess –, bedeutet das einen großen Eingriff in den weiteren Ablauf des Prozesses, den sie maßgebend beeinflussen kann. Jetzt gilt es, die unter den Mitarbeitern verbreitete Unsicherheit durch Transparenz abzubauen, Halt zu geben und die Menschen so sicher durch den Veränderungsprozess zu führen. Eine Führungskraft kann in einem solchen Prozess auch als Richtungsweiser fungieren, der zeigt, wie sich die Mannschaft eine zur neuen Situation passende Verhaltensweise aneignen kann.

Warum Führung oft nicht funktioniert

Zwar haben viele Führungskräfte durchaus das Einfühlungsvermögen, sich auf die jeweiligen Persönlichkeiten ihrer Mitarbeiter einzustellen, jedoch verbleiben sie oft in ihrem eigenen Welt- und Werteverständnis. Sie müssen allerdings lernen, aus diesem herauszutreten, um in die Welt des Unternehmens und der Mitarbeiter sprichwörtlich eintauchen zu können. Das bedeutet eine Erweiterung der Gedankenwelt.

Gerade beim Arbeitgeberwechsel einer Führungskraft kommt es häufig vor, dass ihre bisher gut funktionierenden Verhaltensmuster bei der neuen Stelle plötzlich absolut fehl am Platz sind.

Wichtig für die Führungsarbeit

Wer werteorientiert führen möchte, muss die folgenden vier Aspekte beachten:

- Auf welcher Werteebene liegen die Management-Richtlinien oder Führungsleitlinien des Unternehmens?
- Auf welcher Werteebene befindet sich die Führungskraft?
- Auf welcher Werteebene denkt und agiert der zu führende Mitarbeiter?
- Welche Art von Arbeit ist zu tun und welchen Charakter erfordert/besitzt diese Tätigkeit?

Um bestmöglich führen zu können, ist es absolut essenziell, die Einzigartigkeit eines jeden Mitarbeiters zu berücksichtigen: als Teil des Systems, mit seinen Handlungen, Gefühlen, seiner Motivation, seinen Werten und seinem Denken – und natürlich auch mit seinen Fähigkeiten. Es müssen also die Rahmenbedingungen geschaffen werden, die den Mitarbeiter motivieren, seine Kompetenzen gezielt einzusetzen und neue Ideen zu entwickeln. Passen die Rahmenbedingungen, arbeiten Menschen gern und können sich mit dem Unternehmen besser identifizieren.

„Der einzige Mensch, der sich vernünftig benimmt, ist mein Schneider. Er nimmt jedes Mal neu Maß, wenn er mich trifft, während alle anderen immer die alten Maßstäbe anlegen in der Meinung, sie passten auch heute noch."

George Bernard Shaw

Im Folgenden werde ich zunächst den Begriff „Werte" verdeutlichen und im Anschluss die unterschiedlichen Bereiche der Führung vorstellen, um den Begriff im Sinne der 9 Levels of Value Systems noch greifbarer zu machen. Daraufhin werde ich die kongruente Führung nach diesem Modell anhand der einzelnen Graves-Ebenen darstellen.

Wer erfolgreich führen möchte, muss sich nicht nur über sein Verhalten und somit seiner Wirkung auf andere bewusst sein, sondern muss auch wissen, in welchem Umfeld er sich befindet und welche Werte dort maßgebend sind. Eine Tatsache, die leider oft vernachlässigt wird. 9 Levels of Value Systems weckt das Verständnis und ebnet den Weg für werteorientierte Führung.

1.2 Werte und Wertesysteme – eine Definition

Jeder Mensch kommt am besten mit den Menschen aus, die den eigenen Wertvorstellungen am nächsten sind. Warum ist das so?

Wir alle haben bestimmte Werte, die unser Denken und Handeln bestimmen, ohne dass wir uns dessen bewusst sind. Werte sagen uns, ob etwas gut oder schlecht ist, ob wir etwas akzeptieren oder ablehnen, was uns antreibt und was uns unglücklich macht. Werte geben uns Orientierung und Halt. So wichtig Werte in unserem Leben sind, so schwer sind sie auch greifbar.

Was sind Werte?

Betrachtet man die Bedeutung des Begriffs „Werte" im Deutschen näher, stellt sich die Frage, was uns etwas wert und damit wichtig ist. Das lateinische Wort „valere" bedeutet, gesund zu sein, stark zu sein – aber genauso etwas wert zu sein, etwas zu gelten, Einfluss zu haben. Wert beinhaltet demnach etwas für den Menschen Kraftvolles. Etwas, das dem Menschen dazu verhilft, gesund zu sein und zu bleiben. Werte bestimmen also, wie wir unser Leben gestalten und was wir als wichtig erachten.

Als Werte betrachten wir beispielsweise Begrifflichkeiten wie Respekt, Sicherheit, Harmonie, Impulsivität, Klarheit bzw. Transparenz, Status, Empathie oder Toleranz und viele andere mehr. Jeder Mensch hat nicht nur ganz individuelle Werte, sondern auch unterschiedliche Rangfolgen der einzelnen Werte. Für den einen bedeutet „Harmonie" beispielsweise, Job und Privatleben unter einen Hut zu bekommen. Für den anderen besteht bereits Harmonie, wenn er in Einklang mit der Natur leben kann.

Schaut man sich das Zwischenmenschliche an, bieten unterschiedliche Wertvorstellungen jede Menge Anlass für Schwierigkeiten und Konflikte. Aber auch der Einzelne kann aufgrund seiner Wertvorstellungen in einen inneren Konflikt mit sich selbst geraten: nämlich dann, wenn er etwas tut oder auch dazu gezwungen wird, etwas zu tun, was nicht seinen Werten und Überzeugungen entspricht. Wird diese innere Bedrängnis zum ständigen Begleiter, wirkt sich das negativ auf den Gesamtzustand aus. Die Person steht unter ständigem Stress, verliert immer mehr die Motivation und hat bereits innerlich gekündigt.

In Bezug auf das Führen von Mitarbeitern bringt der folgende Auszug aus dem Bericht der Führungskräftebefragung 2013 der Wertekommission das Thema auf den Punkt: „Vor allem die Einbindung der Mitarbeiter in den langfristigen Werteprozess und die Berücksichtigung von persönlichen Werten bei der Einstellung von Mitarbeitern sind empfehlenswert. Ebenfalls ist eine Integration von Werten in die Zielvereinbarungen der Mitarbeiter ein wichtiger Schritt zur Förderung von Werten in Unternehmen. Weitere Maßnahmen sind: Integration der Wertedebatte in die Ausbildung von Nachwuchskräften; Feedbackgespräche/Befragungen für Mitarbeiter und Teammaßnahmen. Hinzu kommen vor allem die Förderung der offenen Diskussion zwischen Mitarbeitern und Vorgesetzten und die Benennung klarer Verantwortlichkeiten. Das Umsetzen von Werten kann somit als ‚Führungsinstrument' der Zukunft betrachtet werden." (Führungskräftebefragung 2013 der Wertekommission – Initiative Werte – Bewusste Führung, Die Zukunft der Wertedebatte, Kai Hattendorf, S. 25)

Werte bestimmen unser Denken und Handeln, meist ohne dass wir uns dessen bewusst sind. Sie treiben uns an, geben Richtungen vor und helfen uns, zu entscheiden, was richtig oder falsch ist. Handeln wir entgegen unseren Werten, löst das einen inneren Konflikt aus. Im Business-Kontext sind die Folgen daraus Stress, Motivationslosigkeit und innere Kündigung.

1.3 Wie werden Werte geprägt?

Wenn wir Menschen einen Zustand oder einen Sachverhalt bewusst wahrnehmen, denken wir darüber nach und „(be-)werten" ihn. Das heißt, wir machen uns bewusst, womit wir es zu tun haben, und ordnen ihn für uns ein.

Unser Bewusstsein beginnt unmittelbar nach der Geburt langsam zu reifen und ist in etwa um das zweite

Lebensjahr herum so weit entwickelt, dass wir uns als Person wahrnehmen. Sobald sich ein Kleinkind als eigenständige Persönlichkeit erkennt, ahmt es Handlungen und Verhalten seiner Bezugspersonen nach. Im weiteren Lebensverlauf kommen andere Personen und Gruppen hinzu, die ihrerseits das Denken und Handeln prägen.

Während wir Menschen uns entwickeln, verändern sich also auch unsere Werte immer wieder – das heißt, sie verlagern sich und passen sich den Rahmenbedingungen entsprechend an.

Die Haupt-Entwicklungsstufen des Menschen

Der Soziologe Morris Massey (Tad 1991) unterteilt die menschlichen Entwicklungsstufen in drei periodische Hauptbereiche:

- die Prägeperiode – von der Geburt bis zum 7. Lebensjahr
- die Modellierperiode – vom 8. bis zum 13. Lebensjahr
- die Sozialisationsperiode – vom 14. bis zum 21. Lebensjahr

In dieser Zeit haben immerfort andere Menschen Einfluss auf unsere Entwicklung und prägen unsere Werte mit.

Aber auch nach dem 21. Lebensjahr werden wir weiter mit äußeren Einflüssen und Veränderungen konfrontiert, was sich auch auf unsere Werte und deren Hierarchie auswirkt (Ausbildung, Studium, Berufseinstieg, Partnerschaft, Geburt des ersten Kinds usw.). Wir passen unsere Werte ständig der neuen Umgebung an.

Auch in den verschiedenen Rollen, die wir im Leben innehaben, leben wir unterschiedliche Werte: Ein fürsorglicher, verantwortungsbewusster Vater kann sich durchaus einen Kick beim Basejumping holen.

Unser Bewusstsein nimmt einen Zustand oder Sachverhalt wahr und (be-)wertet ihn. In unterschiedlichen Rollen haben wir auch ein unterschiedliches Wertebewusstsein, weil wir uns unserer Umwelt anpassen.

1.4 Die „artgerechte Haltung"

Was sich hinter der „artgerechten Haltung" verbirgt, ist aus dem Tierreich bestens bekannt. Sie beschreibt die Art und Weise der Haltung, die sich an den natürlichen Lebensbedingungen der Tiere orientiert, sodass sich diese gemäß ihren artspezifischen Bedürfnissen, die sie von Geburt an haben, entwickeln können. Was hat das nun mit uns Menschen zu tun?

Wie bereits in Kapitel 1.2 erwähnt, suchen wir nach Möglichkeit die Nähe zu solchen Menschen, die am ehesten unseren eigenen Wertvorstellungen entsprechen und selbst nach möglichst ähnlichen Werten leben. In deren Gegenwart fühlen wir uns wohl, arbeiten gerne mit ihnen zusammen und sind entsprechend motiviert.

Das Bild der „artgerechten Haltung" aus dem Tierreich lässt sich – zumindest in seiner Kernidee – auf die werteorientierte Führung übertragen: ohne artgerechte Haltung werden Tiere krank, aggressiv anderen gegenüber und können – je nach Verstoß – sogar eingehen. Wird ein Mitarbeiter ohne Werteorientierung geführt, kann auch er auf Dauer nicht gesund bleiben, weil die Voraussetzungen nicht stimmen. Seine Werte und somit seine inneren Motivatoren werden sprichwörtlich mit Füßen getreten. Er kündigt innerlich, bringt nicht mehr die Leistung, die von ihm erwartet wird, und wird das Unternehmen verlassen (müssen). Dieses Wissen kann sich die Führung heute zunutze machen.

Die Führungskraft und ihr Menschenbild

Als Führungskraft ist man geneigt, die eigenen Wertesysteme auf seine Mitarbeiter zu projizieren. Auch das Menschenbild, das jeder grundsätzlich von anderen hat, prägt das eigene Bild, das Selbstbild, mit.

Welches Menschenbild eine Führungskraft hat, hängt sehr stark von dem ab, was sie selbst in jungen Jahren unter der Erziehung der Eltern erlebt hat. Nicht selten blicken Führungskräfte auf eine Kindheit zurück, die in ihnen das Bild verfestigt hat, nichts „wert" zu sein. Selbst wenn diese Führungskräfte ihre Mitarbeiter loben und deren Arbeit würdigen, können sie nicht vom Selbsterlebten loslassen und sind grundsätzlich anderen Menschen gegenüber misstrauisch. Mit Misstrauen Menschen zu führen ist praktisch unmöglich, aber niemand würde diese innere Haltung zugeben. Und doch ist sie in uns verwurzelt.

Aus diesem Grund sollte jede Führungskraft über ihr Selbstbild und ihr Menschenbild nachdenken, um zu verstehen, warum sie so oder eben anders denkt. Wer sich damit auseinandersetzt und sein Innerstes kennenlernt, kann offen sein für werteorientierte Führung.

Werteorientierte Führung setzt beim Menschen an:

- *Jedes Unternehmen, das heute erfolgreich führen möchte, muss mit seinen Unternehmenswerten auch die Erwartungen der Mitarbeiter treffen und die der Allgemeinheit als Ganzes.*
- *Unternehmen bewerten ihre Mitarbeiter leider oft nur anhand von Zahlen – der Mensch selbst wird dabei häufig nicht beachtet.*
- *Mehr als zuvor haben Unternehmen heute jedoch das Ziel, auf die Bedürfnisse ihrer Mitarbeiter einzugehen.*
- *Werte spielen dabei die Hauptrolle: Werte treiben Menschen an!*
- *Werteorientierte Führung hat das Ziel, eine Kraft zu entfachen, Mitarbeitern Spaß und Motivation im Alltag zu vermitteln, sodass diese die Unternehmenswerte leben und weitertragen.*

30

30 MINUTEN

2. Warum Werteorientierung?

Laut der Studie „Leadership im Topmanagement deutscher Unternehmen" weiß nur jeder zweite Angestellte in Deutschland, welche Unternehmenswerte für seinen Arbeitgeber gelten. Befragt wurden Führungskräfte und Mitarbeiter großer und mittelständischer Firmen. Dagegen gaben alle Führungskräfte an, ihre Mitarbeiter seien über die Unternehmenswerte informiert. Schlagworte wie Kundenzufriedenheit, Nachhaltigkeit oder Fairness finden demnach meist nur in offiziellen Texten Platz – jedoch steht offensichtlich nicht jeder Einzelne dahinter. Das aber ist essenziell für den Unternehmenserfolg: Eine von allen Mitarbeitern gelebte Werteorientierung führt nicht nur zu überdurchschnittlichem Wachstum, sondern auch zu mehr Zufriedenheit.

Nun hat jeder Mensch seine ganz individuellen Werte und Vorstellungen. Die Herausforderung für Unternehmen besteht darin, einen Konsens zu schaffen – vom Arbeiter bis zur Führungsetage.

2.1 Wertesysteme von Personen, Gruppen und Organisationen

Bisher haben wir uns auf individuelle Werte von Personen beschränkt und erklärt, wie wichtig diese für die persönliche Entwicklung sind und dass sie gleichzeitig dafür sorgen, dass der Mensch gut und gerne arbeitet – ja sogar über sich hinauswachsen kann.

Nun besteht ein Unternehmen aus vielen unterschiedlichen Menschen. Jeder hat seinen Aufgaben- und Verantwortungsbereich, ist Teil eines Teams und Teil der gesamten Organisation. Sind seine individuellen Werte beispielsweise in seinem Team vertretbar und – wenn ja – wie werden sie beachtet? Wie passen seine Werte in die des Unternehmens? Hängt hier jeder Mitarbeiter seine Werte bei Arbeitsbeginn an den Nagel und nimmt sie erst dann wieder auf, wenn er seine Arbeitsstätte verlässt?

Genau hierin liegt die Herausforderung für die Führung: Werteorientiert führen heißt, nicht nur die eigenen Werte zu kennen (Führungskräfteleitbild), sondern auch die des Unternehmens (Unternehmensleitbild), der Mitarbeiter (Mitarbeiterleitbild) und der Kunden bzw. des Markts. Als großes Ganzes geht es um die Wertesysteme von Personen, Gruppen und Organisationen. Diese werden verständlich und nachvollziehbar mit dem Modell der „9 Levels of Value Systems", auf das ich noch gezielt eingehen werde.

Wertesysteme von Personen

Abhängig von der Rolle und der Aufgabe einer Person gibt es unterschiedliche Wertesysteme, die Auswirkung auf deren eigene Bewertungen und deren eigenes Verhalten haben. Maßgeblich dafür sind zusätzlich noch die Welt, in der die Person lebt, und die Herausforderungen, mit denen sie gerade konfrontiert wird.

Aus der Praxis:

Petra Plan, verheiratet, Mutter von zwei kleinen Kindern im Vorschulalter, leitet die Marketing-Abteilung in einem mittelständischen Unternehmen, welches global aufgestellt ist. Zu ihrer Abteilung gehören 25 Mitarbeiter, von denen 15 zum Standort gehören und 10 in internationalen Gesellschaften anzutreffen sind. Sie hat primär mit den Vertriebsleitern der verschiedenen Länder zu tun. Privat engagiert sich Petra Plan als Elternsprecherin im Kindergarten und in einer gemeinnützigen Organisation. Vor ihrer Abteilungsleiterstelle war sie in einer kleinen Werbeagentur als Marketing-Expertin angestellt und betreute ortsansässige Kunden individuell und schnell. Der Großkonzern, in dem sie als Marketing-Trainee ihre berufliche Laufbahn startete, war seit 125 Jahren auf dem Markt und zu sehr durchstrukturiert – was ihr überhaupt nicht zusagte. Die Welt der kleinen Werbeagentur war ihr dagegen zu rastlos und schwankend. Jetzt ist sie mit der internationalen Dynamik, der Zielorientierung sowie den kurzen Kommunikationswegen des mittelständischen Unternehmens zufrieden. Ihr

„Ding" ist es, Themen zu bewegen und zu managen. Diese Wertesysteme lebt sie auch im privaten Umfeld aus.

Für Petra Plan ist es in ihrem aktuellen Arbeitsumfeld nun wichtig, herauszufinden, welche Unternehmenskulturen oder Kunden am besten zu ihr passen bzw. mit welchen sie am besten zusammenarbeiten kann. Da jeder Mensch gleichzeitig mehrere Rollen innehat (Mutter, Vater, Kollege, Abteilungsleiter, Freund etc.), sollten die Wertesysteme in Bezug auf Beruf und Rolle analysiert werden. Ein Coaching bietet die Möglichkeit, dabei ebenso Spannungen und Konfliktfelder aufzudecken und Wege zur Lösung zu finden.

Wertesysteme von Gruppen

Wo Menschen zusammenkommen, treffen unweigerlich unterschiedliche Wertesysteme aufeinander. Im Arbeitskontext ist das häufig in Teams der Fall, die ein gemeinsames Ziel verfolgen. Gibt es dort mindestens einen Menschen, der aufgrund seiner Werteorientierung nicht hinter dem Ziel steht, sind Konflikte vorprogrammiert. Eine mögliche Lösung wäre dessen Integration in eine andere Abteilung/ein anderes Team, die bzw. das ihm als Individuum und seinen Wertvorstellungen näher kommt. Es geht also um Passung.

Auch müssen sich top eingespielte Teams klar darüber sein, dass Marktveränderungen (also von außen vorgegebene Veränderungen) auch interne Veränderungen nötig machen können.

Aus der Praxis:
Die hohe Produktqualität eines mittelständischen Unternehmens im Sondermaschinenbau sorgte über Jahre dafür, dass das Vertriebsteam nicht unbedingt verkaufen musste. Lange Zeit war man es dort gewöhnt, dass Kunden – die ebenso Experten ihres Fachs waren – im Vertrieb mögliche Kapazitäten angefragt hatten. Der Kunde war eher Bittsteller und musste nicht geworben werden. Mit der Zeit haben es jedoch auch andere Hersteller geschafft, ihre Qualität zu verbessern. Dadurch entstand ein Wettbewerb und es kam zu einem starken Preisdruck. Die Ansprechpartner der Kunden sind mittlerweile keine Fachexperten mehr, sondern Geschäftsleitung oder Einkäufer. Nachdem die Umsätze rapide zurückgegangen sind, ist man im Vertrieb verwundert, warum das lange Bewährte plötzlich nicht mehr funktioniert.

Hier muss definiert werden: Was ist passiert? Warum funktionieren altbewährte Methoden plötzlich nicht mehr? Was muss verändert werden, um wieder auf die Erfolgsspur zu kommen?

Wertesysteme von Organisationen

Für eine Studie über die Wertesysteme in Unternehmen haben Werner Auer-Rizzi et al. Führungskräfte interviewt. Von einer Führungskraft erfuhren die Autoren, dass sich Headhunter mit deren Mitarbeitern in Kontakt gesetzt und versucht hatten, diese abzuwerben. Obwohl die Mitarbeiter von ihrem Arbeitgeber nur mittelmäßig bezahlt wurden, ging keiner auf ein neues Angebot ein. Das veranlasste einen der Headhunter dazu, sich mit der Führungskraft in Verbindung zu setzen und nach dem Grund der Verweigerung zu fragen. Diese berief sich auf die Unternehmenswerte: Seine Mitarbeiter könnten sich so gut mit den Unternehmenswerten identifizieren, dass sie sich stark mit ihrem Arbeitgeber verbunden fühlten.

Die Wertesysteme von Unternehmen bzw. Organisationen sind geteilt: Führungskräfte prägen sie und Mitarbeiter teilen sie entsprechend. Das ist ein Phänomen, welches nur schwer greifbar ist. Wie es greifbar wird, erkläre ich im dritten Kapitel zum Modell der 9 Levels.

Aus der Praxis:

Die beiden Gründer einer mittlerweile sehr erfolgreichen Firma haben ihren Personalstamm innerhalb von drei Jahren auf 25 Mitarbeiter an drei Standorten ausgebaut. Was am Anfang mit nur zwei Personen sehr überschaubar und leicht steuerbar war, ist jetzt nicht mehr so einfach zu führen. Haben die beiden Gründer am Anfang noch vieles mit ihrer Intuition regeln können, fehlt ihnen jetzt eine klare Strategie in der Führung. Es gibt Reibereien zwischen den Abteilungen, überforderte Geschäftsführer und eine schlechte Kommunikation untereinander. Das Unternehmen möchte in den kommenden Jahren weiter wachsen, 20 bis 30 neue Mitarbeiter einstellen und eine Zwischenhierarchie schaffen.

Die Umstände haben sich verändert und werden sich weiter ändern. Jetzt gilt es, den Ist-Zustand und den gewünschten Soll-Zustand zu ermitteln und das Unternehmen auch nachhaltig gesund aufzustellen. Denn auf Dauer würde der aktuelle Zustand den Untergang des Unternehmens bedeuten.

Schlagworte wie Kundenzufriedenheit, Nachhaltigkeit oder Fairness finden Studien zufolge meist nur Platz in offiziellen Texten – jedoch steht nicht jeder Einzelne klar dahinter. Das aber ist absolut essenziell, wenn man als Unternehmen erfolgreich sein möchte: Von allen Mitarbeitern gelebte Werteorientierung führt nicht nur zu überdurchschnittlichem Wachstum, sondern auch zu mehr Zufriedenheit.

2.2 Werte in den psychologischen Ebenen

Führung wird meist allein auf die wechselseitige Beziehung zwischen Führungskraft und Mitarbeiter reduziert. Dabei ist Führung viel komplexer: Jede Führungskraft befindet sich in einem gesellschaftlichen Gefüge, das Aktion und Reaktion hervorruft. In diesem Umfeld hat die Führungskraft in jedem Bereich eine andere Rolle inne: Im Unternehmen ist das die Rolle des Vorgesetzten, des Richtungsgebers, des „Felsens in der Brandung". In der Familie ist es die Rolle des Ernährers, Beschützers, Freunds, Vorbilds, Vertrauten usw. In Vereinen oder anderen Organisationen sind es wieder andere Rollen und Werte, die sie annimmt und vertritt.

Was führt dazu, dass wir unsere Rollen so und nicht anders „spielen"? Die psychologischen Ebenen nach Robert Dilts sollen das deutlich machen.

Die psychologischen Ebenen nach Robert Dilts

Unser Denken und Handeln wird von unterschiedlichen Sichtweisen und Positionen geprägt, die wir in Bezug auf die verschiedenen psychologischen Ebenen einnehmen und die sich wiederum gegenseitig beeinflussen.

Abb. 1: Die psychologischen Ebenen nach Robert Dilts

Mission & Spiritualität

Diese Ebene formt und bestimmt unser Leben und gibt unserer Existenz eine Grundlage. Hier legen wir fest, wie wir uns in Familie, Beruf, Gesellschaft und Religion positionieren.

Identität

„Wer bin ich?" Hier geht es um unser Selbstbild, unsere Selbstwahrnehmung und darum, welche Aufgabe wir in unserem Leben haben.

Glaubenssätze & Wertesystem

Auf dieser Ebene legen wir fest, welche Leitideen wir haben, die wir als Grundlage für unser Handeln nehmen. Glaubenssätze steuern unseren Glauben an unsere Fähigkeiten. Und es sind die Wertesysteme, die uns sagen, was gut und was schlecht ist, was wir dürfen und was wir nicht dürfen.

Fähigkeiten/Strategie/Ziele

Alles, was wir können, nutzen wir hier, um unsere Ziele mit einem bestimmten Vorgehen zu erreichen.

Verhaltensweisen

Hier geht es um unsere Handlungen, um das, was wir tun. Das wird u. a. bestimmt von Gewohnheiten, der körperlichen und verbalen Ausdrucksweise, Aufmerksamkeit etc.

Umgebung

Das ist unser Umfeld im privaten und beruflichen Kontext, Menschen und Gegenstände, die darin vorkommen, etc.

Eine besondere Rolle in Bezug auf unsere Wertesysteme spielen unsere Glaubenssätze, was ich im Folgenden gern kurz näher erläutern möchte.

Wie hängen Glaubenssätze und Werte zusammen?

Glaubenssätze sind individuelle Regeln (in Form von Sätzen), die wir Menschen im Laufe unseres Lebens verinnerlicht haben. Wenn wir an etwas glauben, empfinden wir Sicherheit. Glaubenssätze können uns entweder positiv leiten oder aber einschränken. Eltern prägen diese oft sehr intensiv bei ihren Kindern, die die Glaubenssätze dann ihr ganzes Leben lang mit sich tragen, weil sie tief in ihrem Innern verankert sind:

- „Ein Mädchen tut so etwas nicht!"
- „Ein Indianer kennt keinen Schmerz!"
- „Männer heulen nicht!"
- „Du hast zwei linke Hände!"
- „Du machst nichts richtig!"
- Etc.

Werte hingegen sind positiv ausgerichtet, das heißt, sie sind nicht einschränkend, sondern sie motivieren uns, treiben uns an. Werte prägen Glaubenssätze und damit unser (positives) Selbstbild – wie bereits in Kapitel 1 beschrieben.

Die Denk- und Verhaltensweisen von Personen, Gruppen und Organisationen verstehen – das machen die 9 Levels of Value Systems möglich.

Führung ist viel komplexer als eine rein wechselseitige Beziehung zwischen Führungskraft und Mitarbeiter. Jede Führungskraft befindet sich in einem gesellschaftlichen Gefüge, das Aktion und Reaktion hervorruft. Je nach den individuellen Glaubenssätzen und Werten, die tief in jedem von uns Menschen verankert sind und unser Denken und Handeln beeinflussen, gelingt es einer Führungskraft, werteorientiert zu führen oder nicht.

2.3 Die drei Bereiche der Führung

Wer *den besten* Weg sucht für Führung, Motivation und Management, wird frustriert und enttäuscht aufgeben. Der Grund dafür liegt in der Unterschiedlichkeit der Menschen. Jeder Einzelne braucht individuelle Anreize, die ihn zu Leistung motivieren. Jeder Mitarbeiter hat somit auch eigene Präferenzen in Bezug auf die verschiedenen Managementstile. Passen die Prinzipien ihres Vorgesetzten zu ihren eigenen, reagieren die Mitarbeiter positiv darauf. Es besteht eine Kongruenz, die gute Zusammenarbeit erst möglich macht. Passt der

Führungsstil jedoch nicht, kommt es zu negativen Reaktionen bis hin zu Ablehnung, krankheitsbedingten Ausfällen und innerer Kündigung.

Ändern sich nun die Rahmenbedingungen, wie zum Beispiel durch die Zuordnung eines anderen Aufgabenbereichs oder den Wechsel in ein anderes Team, verändert der Mitarbeiter mit der Zeit auch seine Werteorientierung. Und diese verlangt wiederum nach einem neuen Führungsstil, damit die Kongruenz wiederhergestellt werden kann.

Die Hauptaufgabe der Führung besteht also nicht darin, *den* Führungsstil zu finden, sondern darin, die Unterschiedlichkeit der Menschen in ihrem Wirkungs- und Einflussbereich zu erkennen und ihren Führungsstil dazu passend auszurichten. Dabei ist Führung nicht auf einzelne Situationen beschränkt, sondern eine Aufgabe, die mit den Anforderungen wächst und gelebt werden muss.

Führung umfasst genau drei Bereiche, die eng miteinander verflochten sind und aufeinander abgestimmt werden müssen:

1. die Person (Personal Leadership)
2. die Gruppe/das Team (Group Leadership)
3. die Organisation (Organizational Leadership)

Personal Leadership

Im Personal Leadership geht es um Selbstmanagement und auch um das Führen einer einzelnen Person. In Bezug auf ihr Selbstmanagement hat die Führungskraft die Funktion eines Vorbilds. Wie authentisch wird die

Führungskraft erlebt? Wie ist ihre Werteorientierung? Dabei muss berücksichtigt werden, dass ein Vorbild einen erheblichen Einfluss auf diejenigen hat, die geführt werden.

Das Führen von Einzelpersonen ist der angestammte Bereich des Personal Leaderships. Im Regelfall handelt es sich dabei um die einer Führungskraft direkt unterstellten Mitarbeiter. Werteorientiertes Personal Leadership bedeutet, den Mitarbeiter so zu führen, dass es zum einen zum Unternehmen und zum anderen zum Mitarbeiter passt. Vor allem in Veränderungsprozessen ist diese Kongruenz von besonderer Bedeutung: Mit der richtigen Werteorientierung können die Mitarbeiter so motiviert werden, dass sie den Prozess mit unterstützen.

Group Leadership

Wenn zwei oder mehrere Personen geführt werden, spricht man von Group Leadership. Dabei hat die Führungskraft die Möglichkeit, mehrere Menschen gleichzeitig in ihrem Verhalten zu fördern und zu prägen. In diesem Zusammenhang muss auch wieder berücksichtigt werden, dass unterschiedliche Arbeitsweisen gefragt sind, die letztendlich zur Lösung eines Problems führen, je mehr Menschen involviert sind.

Group Leadership ist ein exzellentes Mittel, um die individuellen Eigenschaften der unterschiedlich „veranlagten" Gruppenmitglieder für effektives Arbeiten zu nutzen. Wie zu Beginn dieses Buches erwähnt, umgeben sich Menschen immer mit solchen Menschen, die ihnen ähnlich sind. So ist das auch in einer Gruppe: Diese findet sich immer aufgrund ihrer Interessen zusammen und kann auch nur in dieser Konstellation beste Ergebnisse erbringen.

Diese Erkenntnisse hat der bereits in Kapitel 1.1 erwähnte Psychologieprofessor Clare W. Graves in Untersuchungen mit seinen Studenten erforscht und 1974 veröffentlicht: Für die Bearbeitung eines Problems bildeten seine Studenten unterschiedliche Gruppen. Die Loyalen unter ihnen entschieden sich für den ältesten und am meisten erfahrenen Gruppenführer. Studenten, die auf Erfolg und Leistung fokussiert waren, wählten den mit den besten Noten. Die harmoniebedürftigen und kooperativen Studenten diskutierten beinahe endlos und stimmten dann demokratisch ab. Die flexibel Eingestellten sowie die Nutzensucher unter ihnen suchten sich jemanden aus, der eine konkrete Aufgabenstellung am besten leiten konnte – suchten sich aber einen neuen Gruppenführer, wenn dieser eine neue Aufgabe voraussichtlich besser lösen konnte.

Ein vergleichbares Verhalten ist auch in Unternehmen zu beobachten. Wenn die Führung kongruentes Group Leadership daher bewusst festen Strukturen vorzieht, lassen sich Herausforderungen besser und effektiver bewältigen.

Organizational Leadership

Ein oft unterschätzter Bereich der Führungsarbeit ist das Organizational Leadership. Hierzu gehören zum

Beispiel die Organisations- und Prozessentwicklung, aber auch die Veränderung von Strukturen, Strategien oder Tools. Dieser Bereich wird leider besonders von Führungskräften der mittleren Managementebene oft nicht als eigener Verantwortungsbereich angesehen, sondern stärker dem Topmanagement zugeschrieben. Was sehr schade ist, denn die Möglichkeit, auch auf niedrigeren Managementebenen Einfluss auf den Erfolg des Unternehmens ausüben zu können, wird durch diese Denkweise vertan.

9 Levels of Value Systems hilft dabei, den Ist-Zustand dieser drei Bereiche der Führung zu analysieren. Führungskräfte – egal welchen Management-Levels – können mithilfe von 9 Levels erkennen, warum es aktuell zu Differenzen, Konflikten, Entwicklungsstillstand u. Ä. gekommen ist, und erfahren, was getan werden kann, um den gewünschten Soll-Zustand zu erreichen.

Alles um uns herum ist in stetiger Weiterentwicklung begriffen. Daher ist es sehr wichtig, auch Führung zu verändern und an neue Gegebenheiten anzupassen.

Mit den 9 Levels of Value Systems werden die grundlegenden und handlungsweisenden Werte analysiert und erfasst. Auf diese Weise werden Wertesysteme messbar gemacht und die meist nur schwer zugänglichen Werte und Wertesysteme werden somit für jeden Menschen verständlich und greifbar. Ein Unternehmen ist dann erfolgreich, wenn die drei Bereiche der Führung, also Personal Leadership, Group Leadership und Organizational Leadership, in der Werteorientierung zueinander und vor allem auch zu den Herausforderungen des Markts passen. Viele Unternehmen nutzen zwar den Begriff der Kundenorientierung, richten sich aber doch erstaunlich selten danach aus.

Wenn man als Unternehmen erfolgreich sein möchte, ist Werteorientierung essenziell. Unternehmenswerte formen ein festgelegtes Leitbild, das Führung wie Mitarbeitern gleichermaßen Halt und Orientierung gibt. Denn Studien zufolge führt eine von allen Mitarbeitern gelebte Werteorientierung nicht nur zu überdurchschnittlichem Wachstum, sondern auch zu mehr Zufriedenheit. Werteorientiert führen heißt:

- *nicht nur die eigenen Werte kennen zu müssen, sondern auch die des Unternehmens, der Mitarbeiter, der Kunden und des Markts.*
- *nicht DEN Führungsstil finden zu wollen, sondern die Unterschiedlichkeit der Menschen in ihrem Wirkungs- und Einflussbereich zu erkennen und den Führungsstil zu diesen passend auszurichten.*

30 MINUTEN

3. Das Modell der 9 Levels

Unternehmenserfolg ist gekoppelt an werteorientiertes Führen – so viel steht fest. Doch wie gelingt es einer Führungskraft, ihre Mitarbeiter besser zu verstehen, ihnen Orientierungsgrößen zu geben und ggf. zu Veränderungen zu bewegen?

Das Modell der 9 Levels of Value Systems gibt Antwort auf alle diese Fragen. Mit diesem Modell kann man die Entwicklung von Wertesystemen darstellen. Es hilft, die unterschiedlichen Denk- und Verhaltensweisen von Personen, Gruppen und Organisationen zu erfahren und daraus – wenn nötig – die Notwendigkeit von Veränderung zu erkennen. Und es gibt Antwort auf Fragen wie zum Beispiel: Wie passt eine Person in ein Unternehmen? Wie passt ein Team mit seinen Werten zur aktuellen Aufgabe? Ist es möglich, aktuelle und sich demnächst entwickelnde Herausforderungen mit dem aktuellen Wertebewusstsein und Verhalten zu meistern?

9 Levels macht Werte messbar – und damit veränderbar.

3.1 Die Werteebenen

Der Mensch entwickelt sich permanent weiter. Vom Neugeborenen bis zum Greis durchschreitet er unterschiedliche Entwicklungsstufen. Mal geht die Entwicklung schneller, mal langsamer voran. Dabei gibt es Menschen, die mit ihrer aktuellen Situation sehr zufrieden sind und bewusst gar keine Weiterentwicklung anstreben. Dann gibt es solche, die es gar nicht abwarten können, etwas in ihrem Leben zu verändern. Und zwischen diesen beiden „Extremen" sind alle anderen anzutreffen.

Dabei befindet sich jeder Mensch auf einer bestimmten Entwicklungsstufe. Wir nennen diese „Level". Im Modell der 9 Levels gibt es – wie der Name schon verrät – aktuell genau neun Levels. Aktuell deswegen, weil man zum jetzigen Zeitpunkt noch nicht abschätzen kann, ob einmal ein weiterer Level dazukommen wird. Da wir Menschen uns immer weiterentwickeln, ist ein zehnter Level nicht auszuschließen. Nach unseren heutigen Kenntnissen bewegen wir uns jedoch genau innerhalb der genannten neun Levels. Das folgende Schaubild visualisiert die einzelnen Ebenen und macht deren wechselseitige Beziehung besser verständlich.

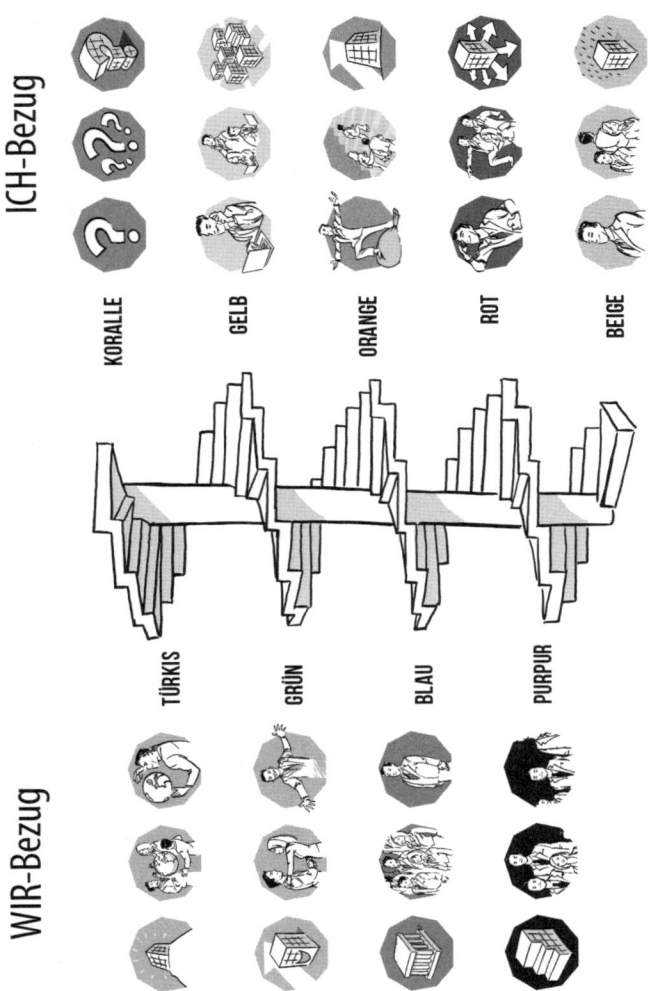

ICH-Bezug

KORALLE GELB ORANGE ROT BEIGE

TÜRKIS GRÜN BLAU PURPUR

WIR-Bezug

Abb. 2: Die 9 Ebenen der 9 Levels of Value Systems

Das sagt uns die 9-Levels-Treppe

Die einzelnen Levels sind in Wendeltreppenform ange-ordnet. Auf der linken Seite der Wendeltreppe befinden sich die Ebenen mit dem WIR-Bezug, auf der rechten Seite die mit dem ICH-Bezug. Im Laufe der Entwicklung – also auf dem Weg nach oben – pendelt der Mensch dabei immer vom ICH-Bezug zum WIR-Bezug.

Befindet sich der Mensch auf der Seite des WIR-Bezugs, ist es für ihn primär wichtig, dass es seiner Gruppe oder der Organisation gut geht. Er selbst sieht sich darin erst an zweiter Stelle und ist bereit, sich für die Gemein-schaft einzusetzen. Einen direkten Nutzen daraus für sich erwartet er nicht. Vielleicht kann er zu einem spä-teren Zeitpunkt einen Mehrwert daraus ziehen – man kann ja nie wissen. Wer sich also auf der Seite des WIR-Bezugs befindet, ist dazu bereit, sich eher der Umwelt und den äußeren Bedingungen anzupassen.

Befindet sich der Mensch auf der Seite des ICH-Bezugs, steht er sich selbst am nächsten. Er ist sehr stark auf sich selbst fokussiert und denkt primär an sein eigenes Wohl. Seine Interessen haben Vorrang vor denen der anderen und er arbeitet ständig daran, die Umgebung an seine Bedürfnisse anzupassen.

Zu Beginn des Lebens startet jeder Mensch automa-tisch am Fuß der Wendeltreppe, also auf der untersten Stufe seiner Entwicklung, dem Level Beige. Dieser Level befindet sich natürlicherweise auf der Seite des ICH-Bezugs. Ein Neugeborenes beginnt seine Entwicklung beispielsweise automatisch auf diesem Level: Es hat

Grundbedürfnisse, die es zum Erhalt seiner Existenz benötigt (Schreien bei Hunger, Durst, Müdigkeit, Unwohlsein etc.). Weil hier jedoch noch keine interessante Bewertung durchgeführt werden kann, ist dieser Level von der Messung ausgeschlossen und spielt in diesem Buch in Sachen Führung keine Rolle.

Auf jedem Level sind bestimmte Werte vorherrschend, die das Denken, Fühlen und Handeln der Menschen, die sich auf dieser Ebene befinden, bestimmen. Hier ist der Mensch unter seinesgleichen und fühlt sich entsprechend wohl.

Jeder Entwicklungsschritt führt auf den Stufen weiter nach oben – in eher seltenen Fällen ist sogar der Weg nach unten möglich. Auf dem Weg nach oben werden die Werte des jeweils vorhergehenden Levels mit eingeschlossen. Wichtig ist die Tatsache, dass es nicht möglich ist, einzelne Levels zu überspringen. Ein Entwicklungsschritt muss also erst komplett abgeschlossen sein, bevor der nächste in der Reihenfolge genommen werden kann – vergleichbar mit der Entwicklung eines Kleinkinds, das auch erst die Reihenfolge des Drehens, Sitzens und Krabbelns beherrschen muss, bevor es sicher das Laufen lernen kann.

Beim Modell der 9 Levels geht es nicht darum, dass ein Level gut oder schlecht oder besser oder schlechter als der andere ist. Level Purpur, also die zweite Ebene, ist nicht besser oder schlechter als Level Gelb, die siebte Ebene. Hier geht es nicht um Wertung, sondern allein um Passung zur Lebenswelt.

Der Ursprung des Modells

Clare W. Graves, der „Schöpfer" der dem 9-Levels-Modell zugrunde liegenden Theorie, verwendete zu seinen Forschungszeiten noch keine Farben in der Darstellung der Ebenen. Erst in den 90er-Jahren führten Christopher Cowan und Don Beck die Farben ein, um das Modell unter dem Namen „Spiral Dynamics" zu illustrieren. Die Farben haben keine beabsichtigte ideelle Bedeutung und wurden zufällig ausgewählt. Für die Arbeit mit den Levels sind sie ein Hilfsmittel. 1996 veröffentlichten Cowan und Beck das Buch *Spiral Dynamics* und legten so den Grundstein zur Verbreitung der Graves'schen Theorie.

Am Ende dieses 30-Minuten-Buches werden Sie sich und die Menschen um Sie herum besser verstehen. Aussagen wie „typisch blauer Level" werden Ihnen öfter über die Lippen kommen und ohne Wertung einen Eindruck von Ihren Mitmenschen verschaffen.

Die Levels im Einzelnen

Nach der kurzen Einführung in den Aufbau und die Funktionsweise der 9-Levels-Treppe möchte ich auf die einzelnen Werteebenen eingehen, die für das werteorientierte Führen wichtig sind. Wie angesprochen, ist der beige Level grundsätzlich angeboren und spielt in der Geschäftswelt keine Rolle. Daher starten wir auf der WIR-Seite im Level Purpur.

2. Level: Purpur

Der Mensch im zweiten Level ist Teil einer Gemeinschaft oder eines Clans, die bzw. der einen Patriarchen als Anführer hat. In dieser Gemeinschaft fühlt sich der Mensch geschützt. Hier bekommt er Sicherheit und empfindet Zugehörigkeit. Alles, was hier passiert, läuft nach einem festen Regelwerk ab. Regeln existieren hier, ohne dass sie zuvor irgendwo schriftlich festgehalten wurden. Niemand würde dieses Regelwerk hinterfragen.

In dieser Gemeinschaft wird vorausgesetzt, dass man gehorsam ist und sich für die anderen aufopfert. Bräuche und Tradition haben in diesem Level einen sehr hohen Stellenwert. Im wirtschaftlichen Kontext findet man auf dieser Ebene meist patriarchisch geführte Familienunternehmen mit wenig funktionalen Strukturen.

Werte dieses Levels sind zum Beispiel:

- Gehorsam
- Geborgenheit
- Tradition
- Zugehörigkeit
- Schutz
- Opferbereitschaft
- Bindung
- Rituale
- Weitergabe von Überlieferungen

3. Level: Rot

Der Mensch im roten Level befindet sich auf der ICH-Seite und strebt nach Macht, Unabhängigkeit und Ansehen. Er will die Dinge erobern und beherrschen und dazu ist ihm jedes Mittel recht. Ressourcen nutzt er zum eigenen Vorteil und kümmert sich nicht darum, was er eventuell damit anrichten könnte. Rot ergreift gern und schnell die Initiative, Regeln werden nicht beachtet. Für ihn gilt: Der Stärkere gewinnt. Was auch immer er anpackt, dient nur seinem eigenen Vorteil. Die Meinung anderer ist sekundär.

Wirtschaftlich betrachtet ist Rot z. B. sehr erfolgreich im Vorstoß auf neuen Märkten und überall dort, wo harte Strukturvertriebe herrschen.

Werte dieses Levels sind zum Beispiel:
- Ehre
- Ansehen (Hochachtung, Respekt, Angst)
- Stärke
- Impulsivität
- Dominanz
- Durchsetzungsvermögen
- Gewinnen um jeden Preis
- Bewunderung der eigenen Person
- Aggression
- Tapferkeit
- Persönlicher Erfolg
- Unabhängigkeit
- Selbstvertrauen
- Gegenwartsbezogenes, egozentrisches Denken

4. Level: Blau

Der Mensch im blauen Level sieht sich als Teil eines Ordnungssystems, das klare Regeln und Gesetze vorgibt. Hier steht es für ihn außer Frage, sich an diese festen Vorgaben zu halten, nach denen gelebt und gehandelt wird. Alles geht mit rechten Dingen zu, Pflichtbewusstsein und Disziplin sind Selbstverständlichkeiten, genauso wie Gerechtigkeit untereinander und nach außen. Hierarchische Strukturen, in denen jeder seine feste Aufgabe hat, sind ein Muss und werden nicht hinterfragt.

Im wirtschaftlichen Kontext finden sich oft Großunternehmen in diesem Level und stehen z. B. hinter ihrem Qualitätslabel „Made in Germany".

Werte dieses Levels sind zum Beispiel:
- Qualität
- Stabilität
- Ordnung
- Klarheit
- Sicherheit
- Rang/Status
- Pflichtgefühl
- Recht und Gesetz
- Disziplin
- Gerechtigkeit
- Festhalten an Hierarchien
- Kontrolle
- Zuverlässigkeit

5. Level: Orange

Der Mensch im orangen Level ist wieder auf den eigenen Erfolg fokussiert – allerdings nicht nur für den Moment, sondern auch mit Blick in die Zukunft. Mit viel Energie und Zielstrebigkeit arbeitet er daran, Wohlstand zu erreichen und zu erhalten. Dabei ist er nicht so egozentrisch wie der „Rote", sondern richtet seinen Blick auf das Ganze. Außerdem überrennt er auf dem Weg zu seinem Ziel keine Dritten und denkt auch mehr an Nachhaltigkeit. Seine klare Zielorientierung sorgt dafür, dass er sich permanent und dazu rasant weiterentwickelt.

In der Zusammenarbeit legt er viel Wert auf Zielvereinbarung und Prozessorientierung. „Orange" ist ein Mitarbeiter, der sich dafür einsetzt, dass es im Unternehmen vorangeht.

Werte dieses Levels sind zum Beispiel:
- Karriereorientierung
- Produktivität
- Unternehmerisches Denken
- Persönlicher Erfolg + Gesamterfolg
- Leistung
- Prestige (Statussymbole)
- Gewinnorientierung
- Ergebnisorientierung
- Wertschöpfung
- Akzeptanz
- Wohlstand
- Wettbewerb

6. Level: Grün

Der Mensch im grünen Level strebt ebenso nach dem Erreichen seiner Ziele, allerdings nur gemeinsam mit dem Team. Ihm ist es wichtig, dass er als Teil einer Gemeinschaft langfristige Erfolge verzeichnen kann. Begegnungen, Beziehungen und der Austausch mit anderen sind ihm extrem wichtig. Er ist offen für den Dialog und sucht diesen auch ständig.

Entscheidungen werden im Konsens getroffen. Bevor es jedoch zu einer Entscheidung kommt, werden verschiedene Meinungen eingeholt und diskutiert. In diesem Level ist jede Meinung wichtig – dabei dauert es entsprechend länger als in den vorangehenden Levels, bis ein Entschluss gefasst wird.

„Grün" wird als besonders kooperativer Partner geschätzt. Überall dort, wo Innovation in der Gruppe durch viel Interaktion und Diskussion gefragt ist, sind „grüne" Menschen präsent.

Werte dieses Levels sind zum Beispiel:
- Verantwortung für den anderen
- Harmonie
- Konsens
- Wertschätzung
- Fairness/Toleranz
- Anpassung
- Weltoffenheit
- Gemeinsamkeit/Gemeinschaft
- Langfristige Erfolgssicherung
- Partizipation

7. Level: Gelb

Bis hierher stand die Befriedigung der Bedürfnisse im Vordergrund (erster Rang). Ab Level „Gelb" kommen wir in den zweiten Rang, was bedeutet, dass sich ab hier die Levels wiederholen – allerdings auf einer höheren Ebene. Von nun an liegt der Fokus auf der Sinnhaftigkeit dessen, was man denkt, fühlt und tut.

Während die bisherigen Levels zwar die jeweils darunterliegenden „einschließen", sie diese aber als nicht mehr korrekt und wertvoll betrachten, erkennt „Gelb" als erster Level den Wert aller vorhergehenden Level an und erkennt, nutzt und kombiniert deren Stärken.

Die Ebenen Purpur bis Grün haben nur jeweils ihr eigenes Weltverständnis als richtig angesehen. „Gelb" setzt dagegen auf Multiperspektivität, Wissensvermehrung, Kompetenz und Unabhängigkeit. Dass sich daraus Status, Macht oder materieller Besitz ergeben könnten, ist sekundär. Der gelbe Typus denkt „über den Tellerrand" und schließt sich mit denen zusammen, die für ihn nützlich sind – ohne sie jedoch auszunutzen.

Werte dieses Levels sind zum Beispiel:
- Multiperspektivität
- Persönliche Entwicklung/Lebendiges Wachstum
- Autonomie/Eigenverantwortung
- Wissen/Lebenslanges Lernen
- Kreativität
- Individualität
- Selbstreflexion
- Vernetzung

8. Level: Türkis

Der Mensch im achten Level legt den Fokus auf Nachhaltigkeit und Ganzheitlichkeit. Ihm liegt das Wohlergehen der Welt am Herzen und er tut sowohl privat als auch beruflich alles dafür, dieses zu unterstützen. Dabei ist er selbstlos. Er beobachtet nicht nur, sondern gestaltet auch.

Menschen auf diesem Level schaffen es, viele unterschiedliche Ebenen zusammenzuhalten. Sie erkennen Dinge, die harmonisch zusammenspielen, wissen, wie man Gruppen und einzelne Personen integriert oder verschiedene Denkrichtungen vereint. Sie lassen ein großes Ganzes entstehen und behüten es.

Im Wirtschaftssektor gibt es meines Wissens nach keine Organisationen, die dieser Beschreibung entsprechen. Selbst Greenpeace oder Amnesty International befinden sich nicht auf diesem Level. Deren Grundgedanke ist meist aus „Grün" entsprungen. Heute sind diese aber sehr blaue Organisationsformen.

Werte dieses Levels sind zum Beispiel:
- Verantwortung für die Zukunft des Lebens
- Systemisches Handeln
- Netzwerkintelligenz
- Globale Aussöhnung
- Spirituelles Bewusstsein
- Orientierung an der Natur
- Wohlergehen der Menschheit/Nachhaltigkeit
- Selbstorganisation lebender Systeme

9. Level: Koralle

Der Mensch im neunten Level ist ichbezogen und weiß, dass alle möglichen Grenzen auf dieser Welt durch das Sein und Tun der Menschen erzeugt werden. Trotz seiner Ichbezogenheit legt es der Mensch in diesem Level nicht darauf an, möglichst viel Macht und Ansehen zu haben, sondern hegt großen Respekt allen lebenden Wesen gegenüber. Außerdem hat er die Gabe, andere Menschen zu motivieren, sich weiterzuentwickeln, neue Wege zu gehen und Grenzen zu überschreiten.

Diese Stufe befindet sich noch in der Entwicklung und ist noch nicht ganz klar zu erkennen oder zu deuten. Sie spielt in der aktuellen Unternehmenswelt noch keine Rolle – daher wird hier auch nicht vertiefend darauf eingegangen.

Der Grundgedanke bei der Arbeit mit den 9 Levels of Value Systems ist, das Warum hinter einem bestimmten Verhalten zu erkennen. Warum verhalten sich die Menschen so und nicht anders? Warum kommt man mit dem einen gar nicht zurecht und dagegen super mit dem anderen? Warum kann eine Zusammenarbeit nicht funktionieren und warum sind Konflikte vorprogrammiert?

Mit dem Modell der 9 Levels kann man die Wertesysteme von Personen, Gruppen und Organisationen analysieren und hat so einen wertvollen Ansatz für seine Führungsarbeit. Jeder Mensch ist so, wie er ist, und hat auch das Recht dazu. Wer

werteorientiert führt, erhöht die Qualität der Arbeit, indem er den Denkweisen der Menschen gerecht wird und nicht von sich selbst ausgeht.

3.2 Passung zur Lebenswelt

Richtig oder falsch führen? Das gibt es nicht. Werteorientiertes Führen bedeutet, „passend zur Lebenswelt" führen: Der Führungsstil und die Art und Weise zu führen muss zum Mitarbeiter und zum Unternehmen passen. Die Unterschiedlichkeit von Menschen muss also gesehen und anerkannt werden. 9 Levels of Value Systems helfen, dieses Verständnis für andere Werteorientierungen zu bekommen, ebenso wie das Verständnis dafür, notwendige Veränderungen einzuleiten.

Der passende Führungsstil

Jeder Mensch hat Präferenzen für bestimmte Managementstile. Passen die Führungsstile und -prinzipien, werden sie positiv angenommen. Anders herum stoßen unpassende Führungsstile auf negative Reaktionen und Ablehnung. Da sich die Rahmenbedingungen um uns herum immer wieder ändern, kann ein Mensch mit der Zeit eine andere Psychologie entwickeln, sofern er auch Veränderungspotenzial hat. Eine solche Veränderung erfordert dann wieder als Folge eine Veränderung des Führungsstils, damit die nötige Kongruenz wiederhergestellt werden kann.

Wenn grüne Führung auf orange Mitarbeiter in einer blauen Organisation trifft

Wer aus seinem eigenen Werteverständnis heraus seinen Mitarbeitern gerne gewisse Freiräume ermöglicht, um ein Projekt nach vorn zu bringen, kann mit diesem Führungsstil große Verwirrung stiften – sofern die Projektmitglieder auf einer anderen Werteebene „unterwegs sind".

Aus der Praxis:

Im Rahmen eines Veränderungsprojektes in einem traditionsreichen „blauen" Unternehmen leitete Freddy Freund als Führungskraft ein großes Projekt. Die Hauptausprägung von Freddy Freund im Wertesystem ist grün. Also führte er das Projekt und die Beteiligten sehr einbindend, kooperativ und ohne große Vorgabe, denn das Projekt sollte sich eher aus sich selbst heraus entwickeln. Die Organisation, die das Projekt beauftragte, ist traditionsreich, historisch gewachsen und sehr blau in ihrer Struktur. Die Projektmitarbeiter, die aus einem Nachwuchsförderpool rekrutiert wurden, waren vornehmlich blau-orange in ihren Wertesystemen und erwarteten Spielregeln, klare Ziele und einen ordentlichen Startschuss. Was sie erlebten, verwirrte die Projektmitarbeiter eher, als dass sie den gewonnenen Freiraum und Gestaltungsraum nutzen konnten. Freddy Freund hätte sich leichter getan, wenn er die Kolleginnen und Kollegen mit etwas mehr Zielen und Regeln ausgestattet hätte, um dann die hierarchische

Ebene des Projektleiters in die kollegiale Führungsebene zu überführen. So aber verwirrte er mehr und stiftete Unsicherheit und Unklarheit unter den Mitarbeitern.

Wer die psychologischen Unterschiede in den Wertesystemen von Menschen erkennt und den jeweils passenden Führungsstil anbieten kann, wird erfolgreich führen können.

3.3 Coping-Mechanismen

Schon Albert Einstein hat es gesagt: „Probleme kann man niemals mit derselben Denkweise lösen, durch die sie entstanden sind." Gerade weil sich die Welt um uns herum ständig verändert, müssen wir uns als Menschen immer wieder neu orientieren und anpassen. Genau das Gleiche trifft auf unsere Umwelt zu: Durch unsere Aktionen des ständigen Neuorientierens und Anpassens haben wir Einfluss auf unsere Umwelt. Alles befindet sich also in einer fortwährenden Wechselbeziehung. Auf eine Aktion folgt eine Reaktion. Graves nennt das „Coping-Mechanismen".

Entstehung von Veränderung
Jede Ebene der 9 Levels steht für ein System, in dem es bestimmte bevorzugte Wertehierarchien und sich daraus ergebende Denk- und Handelsweisen gibt. Die je-

weilige Wertehierarchie legt fest, wie die Menschen in diesem Level Lebensbedingungen und damit verbundene Probleme wahrnehmen und diese bewältigen. Ändern sich die Lebensbedingungen oder die Marktverhältnisse, passt sich auch die Hierarchie der Werte an und verändert sich entsprechend. Auch kommen neue Werte hinzu. Auf diese Weise entsteht ein Wechsel von einer Ebene in die nächste.

Gründe für Veränderung

Jede Veränderung bedeutet oft auch, Liebgewonnenes, Vertrautes und Bewährtes aufgeben zu müssen. Dass das nicht jedem gelegen kommt, ist verständlich – schließlich weiß niemand, was die Zukunft bringt. Ängste ganz unterschiedlicher Natur herrschen vor: die Angst, Macht und Einfluss zu verlieren, Besitz aufgeben zu müssen oder auch Ansehen zu verlieren, ist allgegenwärtig. Wie also werden Veränderungen – Coping-Mechanismen – ausgelöst?

Veränderung vollzieht sich nicht innerhalb von Minuten. Vielmehr findet sie in einem viel größeren Zeitfenster statt und geschieht nur langsam. Veränderung ist Teil eines Entwicklungsprozesses, und wie ein Prozess schreitet auch die Veränderung fort. Bis zu einem Zeitpunkt, an dem der sogenannte Auslöser gedrückt wird und den Prozess „vollendet".

Solche Auslöser können für einen Menschen zum Beispiel der Verlust eines langjährigen Jobs sein, eine neue Position, ein neuer Arbeitgeber, der Verlust eines lieben Menschen etc. Für Gruppen können beispielsweise ein neuer Vorgesetzter, ein neues Projekt, andere Vorgaben und Regelungen oder geänderte Vergütungsprozesse solch ein Auslöser sein. Bezogen auf Organisationen können ein neuer Wettbewerber auf dem Markt, ein Generationswechsel in der Geschäftsführung oder der Konkurs eines wichtigen Kunden eine Veränderung auslösen.

Im Grunde genommen ist es nicht ausschlaggebend, was sich ändert, sondern dass sich etwas ändert – und das allein löst bei uns Menschen Angst und Skepsis aus: Leisten wir Widerstand? Können wir uns unserer Angst stellen? Schafft es ein Vorgesetzter, die Angst und Skepsis bei seinen Mitarbeitern abzubauen? Je nachdem, wie wir uns dieser Veränderung stellen, hat das Auswirkungen darauf, welche Reaktion daraufhin ausgelöst wird.

Führung muss sich auch entwickeln und verändern können. Verändern sich die Anforderungen der Lebenswelt, muss eine Führungskraft auch ihren Führungsstil in allen Bereichen des Leaderships verändern – und zwar im Personal Leadership, im Group Leadership und im Organizational Leadership.

Ein Coping-Mechanismus aus der Praxis

Zu Startzeiten des Mobilfunks war der Telekommunikationsbereich ein sehr klarer Eroberungsmarkt. Es ging darum, schnell viele Abschlüsse zu machen, um so Terrain für sich zu beanspruchen, damit der Marktanteil erst einmal gesichert ist. In der Zwischenzeit ist der Markt gesättigt und zum Verdrängungsmarkt geworden. Der einstige Führungsansatz – von einer „roten" Welt kommend – musste zunehmend mehr das Thema Qualität und Zuverlässigkeit berücksichtigen. Nachhaltiger Erfolg war gefragt, also eine Verschiebung von Rot nach Blau/Orange. Der heutige Kunde ist vernetzt, informiert und sehr viel kritischer. Die Möglichkeit, die Mobilfunknummer problemlos zu einem anderen Anbieter mitzunehmen, flexibilisiert die Kunden und verändert somit die Anforderungen an das Angebot der Telekommunikationsfirmen. Und damit an die Führung. Wie sollen die Kunden von den Mitarbeitern beraten und bedient werden? Welche Gehaltsmodelle sind zukünftig förderlich? Werden zum Beispiel Abschlussprämien der Mitarbeiter langfristig an Stornoregelungen für die Kunden gekoppelt, verliert das Unternehmen automatisch einige Rot-Anteile.

Weil sich die Welt um uns herum ständig verändert, müssen wir uns als Menschen immer wieder neu orientieren und anpassen. Genau das Gleiche trifft auf unsere Umwelt zu. Dieser sogenannte „Coping-Mechanismus" bestimmt zum Beispiel, ob und wie Führung in der Veränderung gelingen kann.

3.4 Warum Veränderung wichtig ist

Veränderung hat uns schon immer begleitet und uns zu dem gemacht, was wir heute sind. Wir begreifen im Laufe unseres Heranwachsens und unserer Entwicklung immer mehr Zusammenhänge, entwickeln unsere Persönlichkeit und somit unsere Wertesysteme. Auch der Markt verändert sich, der technische Fortschritt bestimmt unser Handeln, Kundenbedürfnisse verlagern sich, es sind neue Jobmodelle gefragt. Darauf müssen wir reagieren und uns anpassen. Wer das nicht kann oder will, wird in Zukunft nicht mehr vorne mitspielen können. Veränderung ist wichtig – und muss gewisse Anforderungen erfüllen.

Voraussetzungen für Veränderungen

Veränderung bedeutet immer eine Weiterentwicklung. Diese kann entweder innerhalb des aktuellen Levels stattfinden oder bedeuten, den aktuellen Level zu verlassen und in den nächsten einzutreten. Bevor das passieren kann, muss der Mensch ...

a) sich verändern können (reif dafür sein),
b) sich verändern wollen (offen dafür sein).

Können

- Ist der Mensch darauf vorbereitet, diesen Schritt zu gehen?
- Kann er mit Hindernissen, die sich ihm ab jetzt in den Weg stellen, umgehen?

- Kann er das, was er bis hierher gelernt hat, festigen und in den Veränderungsprozess integrieren?

Wollen
- Ist der Mensch offen für die Veränderung? Sieht er deren Notwendigkeit?
- Fühlt er sich in der aktuellen Ebene unwohl und will er eine Veränderung der Situation?
- Sieht er einen Nutzen darin, die Veränderung durchzuführen?

Im Mittelpunkt einer Veränderung steht immer die Weiterentwicklung der eigenen Wertesysteme. Genauso wichtig ist hierbei auch die Frage, wie dieses Wertesystem zur aktuellen eigenen Lebenswelt passt.

Anders als andere Modelle, die immer wieder an neue Situationen angepasst werden müssen, kann 9 Levels diese Frage beantworten. 9 Levels reflektiert und bewertet Stationen der Entwicklung in Bezug auf Veränderungen in der Lebenswelt.

Befinden sich diese vier Wirkungsbereiche im Einklang, sprich: befinden sich alle auf derselben Werteebene, besteht kein Veränderungsbedarf. Ändert sich aber nur einer dieser Bereiche, entsteht ein Ungleichgewicht und die anderen Felder sind aufgefordert, sich entsprechend anzupassen. Hat sich zum Beispiel der Markt verändert, die anderen Bereiche der Person, Gruppe und Organisation befinden sich jedoch noch im Einklang, muss trotzdem eine Veränderung initiiert werden.

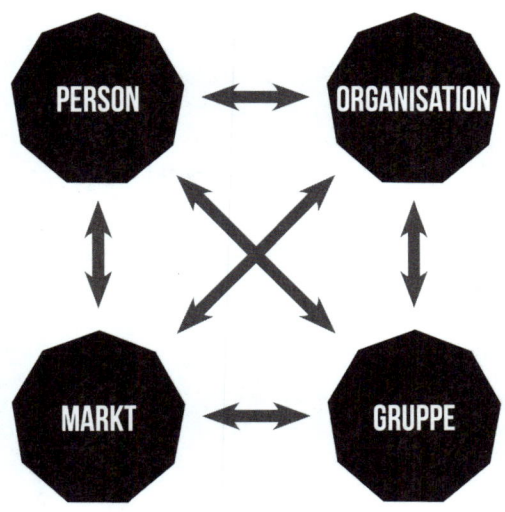

Abb. 3: Gleichgewicht zwischen den Wirkungsbereichen

Hebel für Veränderung

Oft ist zu beobachten, dass Verantwortliche versuchen, das Verhalten der Mitarbeiter zu verändern. Dieses Vorgehen ist leider oft nicht nachhaltig, weil den Betroffenen das Bewusstsein für die Notwendigkeit für Veränderungen fehlt und die Gestaltungselemente, welche die Organisation erlaubt, dies nicht unterstützen. Sollen Veränderungen greifen, muss an den Wertesystemen der Organisation und der Menschen angesetzt werden. Die typischen Hebel für Veränderung sind folgende Gestaltungselemente:

Abb. 4: Gestaltungselemente für Veränderung

Soll Veränderung auch nachhaltig funktionieren, müssen diese Hebel mit dem gewünschten Wertesystem übereinstimmen. Zum Beispiel kommt es oft vor, dass Veränderung zwar gewünscht ist, der Weg dorthin aber der alte bleibt: Ist das Ziel offener Austausch und Kooperation, darf kein Wettkampf nach alten Mustern entfacht werden.

Ist ein Unternehmen eher orange ausgerichtet – also sehr zielstrebig und karriereorientiert –, werden sich

Menschen mit ebenderselben Orientierung dort am wohlsten fühlen. Menschen, die gerne klare Vorgaben haben und Regeln brauchen, um sich zu orientieren, werden in einem „blauen" Unternehmen die beste Leistung erbringen.

Wer genau wie von wem geführt werden will, erfahren Sie in Kapitel 4.

Sobald sich die Rahmenbedingungen für ein Unternehmen verändern, wie zum Beispiel die Wettbewerbssituation, Kundenbedürfnisse oder technische Weiterentwicklungen, sind Reaktion und Anpassung gefragt. Damit müssen auch alle Mitarbeiter – egal welcher Hierarchiestufe – bereit sein, diese Veränderung mitzugehen. Dabei hilft das Modell der 9 Levels of Value Systems.

30

- *Jeder erkennt die Notwendigkeit für Veränderung.*
- *Jeder erkennt den Nutzen dieser Veränderung für sich und das Unternehmen.*
- *Jeder Einzelne wird darauf vorbereitet, sich an der Veränderung zu beteiligen.*
- *Jeder Einzelne wird durch die Veränderung begleitet.*

30 MINUTEN

4. Führung auf den 9 Levels

Es gibt sicher viele Führungsmethoden in der aktuellen Fachliteratur, die wunderbar funktionieren – sofern sie dort angewendet werden, wo sie passen. Und hier liegt die Herausforderung: Wie denken, fühlen und verhalten sich die Menschen auf ihren Werteebenen und wie wollen sie von wem geführt werden? Was ist für sie wichtig, wenn sie gute Leistung bringen oder auch in Veränderungsprozessen gemeinsam mit anderen zum Ziel kommen wollen? Lernen Sie in diesem Kapitel, Ihre Mitarbeiter besser zu verstehen, und holen Sie sich Anregungen für passgenaue und werteorientierte Führung. Und denken Sie dabei bitte immer daran: Sie selbst befinden sich auf einer bestimmten Ebene der 9 Levels, die Ihr Denken und Handeln prägt. Ihr Wertesystem prägt logischerweise Ihr Führungsverhalten. Passt dieses zum Mitarbeiter und zum Unternehmenskontext? Für diese Passung und ggf. Anpassung sind Sie allein verantwortlich.

4.1 Wer will wie von wem geführt werden?

Je nach ihrem individuellen Level wollen Menschen unterschiedlich geführt werden. Ist der Führungsstil kongruent (passend) mit deren Wertvorstellungen, sind ideale Voraussetzungen gegeben, um eine Situation oder ein Projekt zum Erfolg zu bringen.

Sicherlich werden Sie die eine oder andere „Art der Führung" auf Ihrem bestimmten Level als merkwürdig oder unpassend erachten. Dann passt diese eben nicht zu Ihrem persönlichen Wertesystem. Bei anderen Führungskräften und deren Mitarbeitern passt diese jedoch gegebenenfalls sehr gut. Lesen Sie hier, wer wie von wem geführt werden will.

Wichtig ist hierbei, zu wissen, dass jeder Mensch aus einer Mischung von unterschiedlichen Levels besteht. Das bedeutet, dass, je nachdem, in welcher Rolle sich ein Mensch gerade befindet, er gemäß seinem in diesem Kontext maßgebenden Level lebt. So kann beispielsweise ein im Businesskontext „oranger" Geschäftsführer in der Rolle des Familienvaters nach „blauen" Wertvorstellungen leben und beim regelmäßig durchgeführten Straßenfest die typisch „grüne" Intention ausleben, die Gemeinschaft und den Zusammenhalt mit den Nachbarn zu festigen.

Führung auf der purpurnen (2.) Ebene

Die Mitarbeiter:
- arbeiten lange und hart, wenn sie richtig geführt werden
- erledigen einfache Aufgaben
- mögen keinen Wettbewerb
- sehen Macht und Entscheidungsgewalt klar beim Patriarchen

Erwartungen an die Führung:
- freundlicher, wohlwollender, aber strenger patriarchischer Führungsstil
- klare Vorgaben, ohne zu delegieren
- über den Chef gehen alle Entscheidungswege
- arbeitet mit den Mitarbeitern und sorgt für eine gute Arbeitsatmosphäre
- gestaltet Aufgaben nach seinen Vorstellungen und lebt diese vor

Auf dieser Ebene nicht angemessen:
- zu starkes Einbeziehen der Mitarbeiter
- zu viel Delegation von Verantwortung und Entscheidungsspielraum

Führung auf der roten (3.) Ebene

Die Mitarbeiter:
- wissen genau, was zu tun ist und wie das Ergebnis aussehen soll
- sind stolz auf ihre Fertigkeiten
- erwarten Respekt und Belohnung für Fähigkeiten und gut erledigte Jobs/schnelle Incentives
- wollen überschaubare und schnell lösbare Aufgaben, die sich auch gerne wiederholen dürfen
- möchten einen gewissen Freiraum für Entscheidungen

Erwartungen an die Führung:
- tendenziell bevormundender Führungsstil
- klare Aussage, wer das Sagen hat
- Dominanz und Stärke
- zeigen, dass keiner der Mitarbeiter die Aufgabe besser erledigen könnte als die Führungskraft
- Mitarbeiter bekommt keinen umfassenden Überblick über das Geschehen im Unternehmen
- neue Mitarbeiter werden qualifiziert – sind sie in ihre Aufgabe erst eingebunden, erfolgt keine weitere Qualifizierung
- Anreize für gute Leistung schaffen (extrinsische Motivation)

Auf dieser Ebene nicht angemessen:
- zu autoritäre und restriktive Anweisungen
- zu wenig Freiraum für die Mitarbeiter

Führung auf der blauen (4.) Ebene

Die Mitarbeiter:

- akzeptieren den Vorgesetzten prinzipiell aufgrund seiner Position und der hierarchischen Ebene
- identifizieren sich stärker mit dem Unternehmen als die Mitarbeiter auf den Levels davor
- leisten selbstverständlich gut und pflichtbewusst ihre Arbeit
- erwarten eine Anerkennung ihrer Leistung, z. B. durch Auszeichnungen
- wollen klar geregelte Kompetenzbereiche
- mögen Scheine, Zertifikate und Urkunden als Auszeichnungen

Erwartungen an die Führung:

- das Unternehmen repräsentieren
- autoritärer und entsprechend direktiver Führungsstil
- Ordnungsrahmen schaffen und für Routine sorgen
- Aufgaben strukturieren, Regeln definieren und klären
- Stellenbeschreibungen sind klar und eindeutig
- Mitarbeiter müssen sich für weiterführende Aufgaben qualifizieren

Auf dieser Ebene nicht angemessen:

- Fehlen von Führung, Richtung und Struktur
- kooperativer Führungsstil oder Diskussionen (wird als Schwäche der Führungskraft interpretiert)

Führung auf der orangen (5.) Ebene

Die Mitarbeiter:

- erwarten Belohnung für ihre Arbeit und ihren Einsatz
- müssen sich individuell einbringen können
- brauchen ein großes Maß an Eigenverantwortung
- streben Erfolg für das Unternehmen an, der sich aber auch für die Mitarbeiter lohnen muss
- wollen einen Verantwortungsbereich, in dem sie sich frei bewegen können (Handlungsspielraum)
- sind proaktiv und bereit, Verantwortung zu übernehmen

Erwartungen an die Führung:

- wettbewerbsorientierter Führungsstil (Belohnungssysteme, Sanktionen und klare Verantwortungsspielräume)
- Übertragung umfangreicher und komplexer Aufgaben
- Abgabe von Verantwortung und Gewährung von Entscheidungsspielraum
- Erfolgsbeteiligungen als Motivation, Teil eines erfolgreichen Unternehmens zu sein
- Schaffung von schlanken und flexiblen Regeln, die den Prozess nicht behindern

Auf dieser Ebene nicht angemessen:

- Belohnungen, die als nicht reizvoll und attraktiv gesehen werden
- keine Regeln und Grenzen zu setzen, diese nicht einzuhalten und bei Fehlverhalten keine Sanktionen zu erteilen

Führen auf der grünen (6.) Ebene

Die Mitarbeiter:
- schätzen das Miteinander/Zusammenwirken verschiedener Menschen, den Dialog
- entwickeln und entscheiden gemeinsam
- haben erkannt, dass sie noch erfolgreicher werden können, wenn sie an einem Strang ziehen
- tolerieren Schwächen nur in begrenztem Maße – suchen bald nach einer Lösung im Interesse aller
- suchen ein gutes Arbeitsklima, in dem sie produktiv sein können
- streben nach Work-Life-Balance

Erwartungen an die Führung:
- offener, partizipativer und kooperativer Führungsstil
- Führungskraft und gleichzeitig Teammitglied sein
- muss es „aushalten" können, dass ihre Vorschläge im Team diskutiert und auf den Prüfstand gestellt werden
- Gruppenprozesse aktiv steuern, ohne zu bevormunden

Auf dieser Ebene nicht angemessen:
- sich als Führungskraft komplett mit der Gruppe gleichstellen
- der Versuch, sich im Team durchzusetzen
- ein zu lockerer Führungsstil, aus dem das Team eine nicht beabsichtigte Eigendynamik entwickeln könnte

Führen auf der gelben (7.) Ebene

Die Mitarbeiter:

- akzeptieren gern Vorgaben der Führungspersönlichkeit, sofern diese hohe Qualitäts- und Quantitätsvoraussetzungen erfüllen
- nehmen nur zielorientierte Richtlinien an
- lieben ihren Freiraum
- möchten eine Führungskraft mit hoher Fachkompetenz
- lassen ihre Führungskraft wissen, was sie zum Erfüllen ihrer Aufgaben brauchen
- mögen eine offene Beziehung zur Führungskraft

Erwartungen an die Führung:

- Unterstützung der Mitarbeiter bei der Durchführung ihrer Aufgaben
- gemeinsames Diskutieren aller Themen von der Aufgabenstellung bis zur Zielerreichung
- Annehmen der Anregungen von Mitarbeitern, um eine Aufgabe erfüllen zu können
- Querdenker und freie Meinungsäußerungen sind erwünscht
- Unterstützung der vollen Entfaltung der Mitarbeiter, um sich für das Unternehmen einsetzen zu können

Auf dieser Ebene nicht angemessen:

- eine Führungskraft, die keine Verantwortung für das Erreichen der Ziele übernimmt und die Mitarbeiter nicht fachlich unterstützt

Wer werteorientiert führen möchte, muss die Strukturen eines Teams oder einer Gruppe erkennen und so verstehen, warum die Personen darin in einer bestimmten Weise denken, fühlen und handeln – und nicht anders. Hat man sich nur auf einen Mitarbeiter einzustellen, ist das Ganze noch recht leicht. Fokussiert man sich jedoch auf mehrere Menschen wie in einer Abteilung oder einem Team, sind die Herausforderungen an die Führungskraft schon etwas komplexer. Hier muss man davon ausgehen, dass unterschiedliche Ebenen der 9 Levels vertreten sind. In solch einer Situation muss die Führungskraft sich auf jeden Einzelnen einstellen und diesen seinen Bedürfnissen entsprechend an die gemeinsame Aufgabe des Teams oder der Gruppe heranführen.

Auf diese Weise wird einerseits Konflikten vorgebeugt. Andererseits entsteht so die Möglichkeit, die unterschiedlichen Wertesysteme so einzusetzen, dass beide Seiten davon profitieren: der Mitarbeiter, weil er die Arbeit gerne verrichtet und Bestätigung wie auch Wertschätzung für seine gute Leistung bekommt, und das Unternehmen, weil es kompetente Leute für sich begeistern und im Unternehmen halten kann.

Bei alledem darf man als Führungskraft nie vergessen, dass man selbst im Wertesystem einer bestimmten Ebene lebt und dieses das eigene Denken und Handeln entsprechend prägt. Selbstverständlich kann es ebenso vorkommen, dass man zum Beispiel als Führungskraft mit neuem Wirkungsspektrum – und somit neuen Anforderungen und Mitarbeitern – plötzlich merkt, dass diese neue Herausforderung nicht zum eigenen Werteverständnis passt. Jetzt gilt es, zu schauen, inwiefern Diskrepanzen bestehen, und nach Möglichkeiten zu suchen, wie diese gelöst werden können. Und wenn sich herausstellt, dass die neue Position nicht zur Führungskraft und ihrem Welt- und Werteverständnis passt, sollte lieber der Schritt zurück angestrebt werden. Das ist kein Zeichen von Schwäche, sondern für alle Beteiligten schlichtweg die beste Lösung.

Viele Führungsmethoden kursieren in der aktuellen Fachliteratur und funktionieren wunderbar – sofern sie dort angewendet werden, wo sie passen. 9 Levels zeigt, wer wie auf welcher Werteebene geführt werden will und was absolute No-Gos sind.

4.2 Führen in Veränderungsprozessen

Sobald Krisen und Probleme auftauchen, wird die Führung dafür zur Verantwortung gezogen, weil sie Signale des Markts, Rufe der Mitarbeiter oder Herausforderungen aufseiten des Wettbewerbs nicht gehört oder nicht richtig interpretiert hat. Von der Führung wird erwartet, einen Weg aus der Krise zu finden – und dieser ist meist an Veränderung gekoppelt.

Menschen mögen keine Veränderung – das ist eine natürliche Haltung, die mit dem Wunsch nach Schutz auf der einen Seite und mit der Angst vor der Ungewissheit auf der anderen Seite zu erklären ist. Deshalb bedarf es gerade in Veränderungsprozessen einer besonderen Führung: Führung muss zum einen so transparent sein, dass die Beteiligten die Notwendigkeit für die Veränderung verstehen und diese aktiv mitgestalten können. Zum anderen muss Führung in diesen Prozessen das Vorgehen vorleben und die Mitarbeiter dazu anregen, ebenso zu denken und zu handeln.

Was an dieser Stelle recht einleuchtend klingt, ist leider oft alles andere als einfach umzusetzen, weil auch eine Führungskraft meist selbst zu stark ihren eigenen Welt- und Wertvorstellungen verhaftet und in alten Mustern gefangen ist.

Fehlendes Verständnis für die Welt des anderen

Jeder bewegt sich in seinem eigenen Welt- und Werteverständnis – die 9 Levels machen dies sichtbar. Auch den meisten Führungskräften geht das so. Dementsprechend schwierig gestaltet sich auch das Einfühlen in die Mitarbeiter. Bei einem Einzelnen allein funktioniert das Einfühlen meist noch sehr gut. Sobald aber mehrere Menschen involviert sind, sieht das Ganze völlig anders aus.

Fehlt sowohl das Verständnis für die eigene Welt als auch für die der Mitarbeiter, wird es der Führung nie gelingen, ein Veränderungsprojekt erfolgreich durchzuführen. Sie wird permanent auf Gegenwind stoßen, wenn die Betroffenen die entwickelten Handlungsfelder als nicht passend empfinden und darum nicht dazu bereit sind, die Veränderung mitzugehen oder von sich aus neue Ideen zu entwickeln.

Der richtige Ansatz für werteorientiertes Führen lautet hier: seine eigene Werteebene kennen sowie die Werteebene der Mitarbeiter aufschlüsseln und akzeptieren.

Die Situation des Unternehmens

Auch der Auslöser für die geplante Veränderung darf nicht unberücksichtigt bleiben, d.h., es muss die Frage gestellt werden, wie dringend die Notwendigkeit für eine Veränderung besteht. Steht z.B. ein Unternehmen am Rande des Bankrotts, liegen die Prioritäten der Führung auf einer völlig anderen Ebene, als wenn es aktuell nach außen hin dem Unternehmen noch gut geht und die Führung den Mitarbeitern klarmachen möchte, dass gerade jetzt ein Umbau der Organisationsstruktur notwendig ist. Egal worin der Auslöser für die Notwendigkeit der Veränderung liegt: Die Führung selbst muss die Veränderung wirklich wollen.

Vorbildfunktion und Orientierung

In Zeiten der Veränderung lastet eine große Verantwortung auf der Führung. Von der Führung hängt nämlich maßgeblich ab, in welche Richtung sich der Veränderungsprozess entwickeln wird. Gerade wenn die Zeiten unsicher sind, wenn sich Irritationen unter den

Mitarbeitern ausbreiten, ist es wichtig, allen Beteiligten Leitplanken und Orientierung zu bieten. Gute Führung kann das. Gute und passende Führung:

- gibt Halt in Zeiten großer Unsicherheit
- führt die Mitarbeiter durch den Veränderungsprozess
- lebt neue Verhaltensweisen vor und zeigt aktiv deren Nutzen

Die richtige Strategie

In einer 1:1-Beziehung ist es relativ einfach, einen kongruenten und passenden Führungsstil zu finden. Im Normalfall trifft die Führung allerdings auf Gruppen von Menschen der unterschiedlichsten Levels. Um auch hier Kongruenz erreichen zu können, bedarf es einer Strategie, die sich aus den folgenden vier Phasen zusammensetzt:

1. (Wieder-)Einführung

Die Führung muss dafür sorgen, dass der ursprüngliche, von den Mitarbeitern bisher gewohnte Führungsstil (wieder) eingeführt wird, um alles verstehen und erkennen zu können. Damit baut die Führung Akzeptanz und Vertrauen auf. Auf diese Weise bekommt jeder Mitarbeiter die Möglichkeit, die Rolle der Führungskraft positiv zu sehen.

2. Analyse

Die Führung sammelt Hinweise über die Levels der einzelnen Mitarbeiter in ihrem beruflichen Umfeld.

3. Kongruenz

Diese Hinweise verwendet die Führung, um über einen bestimmten Zeitraum hinweg im 1:1-Setting den Führungsstil auf Kongruenz mit dem angestrebten Wertelevel auszurichten.

4. Wachstum

Die Führung baut die jeweils auf den individuellen Fall ausgerichteten Elemente in die Beziehung zum Mitarbeiter ein, die individuelles Wachstum ermöglichen.

Noch im ursprünglichen Führungsstil werden den Mitarbeitern Aufgaben zugeteilt, die zu deren bisheriger Arbeit passen. Jetzt setzt der Analyseprozess ein, der so lange fortgeführt wird, bis ausreichend Hinweise auf die Werteorientierung der Mitarbeiter gesammelt wurden, mit denen die Veränderung hin zu dem angestrebten kongruenten Führungsstil umgesetzt werden kann. In diesem Moment setzt die Entwicklung ein und führt bereits in diesem Stadium zu positiven „Nebeneffekten" wie beispielsweise einer höheren Produktivität, besseren Leistung und einem verbesserten Arbeitsklima. In diesem Entwicklungsstadium ist es auch möglich, dass einzelne Mitarbeiter in einen höheren Level hineinwachsen. Ist dies der Fall, stellt die Führung ihren Stil wieder entsprechend auf den neuen Level ein. Sobald der oder die Mitarbeiter die Werte und Verhaltensweisen des neuen Levels angenommen haben (ganz oder auch nur teilweise), ist das Wachstum in eine positive Phase übergegangen. Unterm Strich kann man eine positive Entwicklung nur dann erwarten, wenn auch alle Schritte der vier Phasen umgesetzt werden.

Einen kongruenten Führungsstil kann man nicht erzwingen. Wichtig ist, zu erkennen: Der entscheidende Punkt liegt darin, den mit jedem Mitarbeiter kongruenten Führungsstil zu finden und anzuwenden. Veränderung kann nur funktionieren, wenn sie wertgeschätzt wird.

Besonders in Veränderungsprozessen kommt Führung eine wichtige Funktion zu. Damit alle Betroffenen die Notwendigkeit für eine Veränderung akzeptieren und in einem Boot alle in die gleiche Richtung rudern, muss Führung deren Werteebenen kennen, um die notwendigen Maßnahmen einleiten zu können.

4.3 Führen in der Praxis

Wie Führungsinstrumente dazu dienen, die Unternehmensziele zu erreichen, dienen die 9 Levels dazu, die Unternehmen mit ihren Menschen zu verstehen. Zu wissen, wie die Menschen „ticken", warum der eine Weg wunderbar funktioniert und der andere nicht, warum Menschen das tun, was sie tun, und nichts anderes – darüber gibt 9 Levels Aufschluss.

Die folgenden Beispiele für Führung auf den 9 Levels werden Ihnen den einen oder anderen Mitarbeiter in einem deutlicheren Licht erscheinen lassen. Oder Sie werden erkennen, warum ein spezieller Führungsstil so nicht funktionieren kann. Vielleicht werden Sie an der einen oder anderen Stelle auch Ihr Unternehmen/ Ihren Führungsstil wiedererkennen. Diese Praxisbeispiele werden Ihnen zeigen, wie wertvoll das Wissen um die 9 Levels – auch für Sie und Ihre Unternehmung – ist.

Zeigen, wo der Hammer hängt
Aus der Praxis:

Robert Reisser ist Vertriebsleiter in einem expansiven Vertriebsteam, welches einen neuen Markt erobern möchte. Das Produkt ist nicht komplex, aber neu im Markt. Seine Mitarbeiter sind dynamisch, aktiv und sehr selbstbewusst und lieben den Wettbewerb. Nach den 9 Levels befindet sich die gesamte Truppe auf der Ebene des roten Wertesystems. Robert Reissers Führungsstil ist ebenso rot geprägt: Er zeigt Dominanz und besitzt eine Vorbildfunktion. Außerdem lernt er neue Mitarbeiter selbst an, zeigt ihnen, wie man Umsatz macht, und scheut sich auch nicht davor, schwierige Gespräche zu führen. Seine Mitarbeiter schätzen an ihm sehr, dass er ihnen zeigen kann, „wo der Hammer hängt".

Wenn ein patriarchischer Führungsstil passt

In vielen kleinen familiengeführten Unternehmen spielt die Familie eine zentrale Rolle und häufig sind auch etliche Familienmitglieder im Unternehmen beschäftigt. Meist gibt es dort einen „Chef" und ggf. den „Senior-Chef" oder den „Junior-Chef". Sind in solchen Unternehmen die Aufgabenbereiche noch wenig arbeitsteilig organisiert, kommt hier oft das purpurne Wertesystem zum Tragen. Man arbeitet quasi „bei der Familie". Den Mitarbeitern ist bewusst, dass der „Laden" der Familie gehört, Erfolg und Misserfolg auf deren Schultern lasten und die Familie daher auch das letzte Wort hat. Fühlen sich die Mitarbeiter unter dem patriarchischen Führungsstil wohl und begrüßen sie die väterliche Strenge sowie die väterliche Fürsorge, ist das Arbeitsverhältnis kongruent. Auf der anderen Seite hegt die Führung eine persönliche Verantwortung für die Mitarbeiter und setzt sich für diese ein – fordert aber auch deren Einsatz, als ob ihnen selbst die Firma gehören würde.

Unternehmer im Unternehmen

Mitarbeiter auf dem orangen Level sind Unternehmer im Unternehmen. Sie agieren proaktiv, zielorientiert und zeichnen sich durch Leistungsmaximierung aus. Sie denken vernetzt und unternehmerisch, um die Ziele zu erreichen. Hier scheitern Führungskräfte meist, wenn sie mit „blauen" Führungswerten führen möchten und damit nicht genügend Ressourcen und Informationen zur Verfügung stellen. Denn diese sind auf der blauen Werteebene reglementiert, und nicht jeder Mitarbeiter hat auf diese Weise leicht Zugang zu Wissen. „Orange" Mitarbeiter mit ihrem Unternehmeranspruch sind schnell demotiviert, wenn man sie in ihrem Elan und Tatendrang bremst. Wer Unternehmertypen in Unternehmen halten will, muss Transparenz und Freiraum gestalten und zulassen und im Falle von Überschreitungen nicht sofort „blau" regulieren und sanktionieren. Hier trifft die bekannte Aussage zu: „Verantwortung delegieren – Entscheidungen akzeptieren".

Unternehmerkinder gründen mehr Unternehmen

Betrachtet man die Statistik, treten Unternehmerkinder eher in die Fußstapfen ihrer Eltern und gründen auch ein eigenes Unternehmen als Nicht-Unternehmerkinder. Natürlich werden Kinder schon früh von ihren Eltern geprägt und die gemeinsamen Tischgespräche am Wochenende schüren meist noch diese Tendenz. Die Lebensumstände prägen also das Wertesystem. Ebenso bevorzugen Kinder von „blauen" Mitarbeitern, die in „blauen" Unternehmen arbeiten, auch einen Arbeitgeber mit „blauer" Prägung, weil man sich hier so schön zu Hause und geborgen fühlt. Dagegen bringen „orange" Haushalte auch „orange" Unternehmensgründer hervor. Um aber auch den gegenteiligen Aspekt nicht außer Acht zu lassen: Laut Statistik fährt die dritte Generation von Unternehmerkindern das Familienunternehmen gerne gegen die Wand. Es scheint, dass hier nicht nur die unter-

nehmerische Kompetenz, sondern auch der „orange"
Wille fehlt.

Das Team steht im Zentrum

Auf dem grünen Level stellen sich die Mitarbeiter klar
in den Dienst und die Verantwortung des Teams. Als
Team pushen sie das gemeinsame Ziel nach vorn. Sie
übernehmen proaktiv Verantwortung. Die emotionale
Bindung an das Team und das Teamergebnis sind hoch.
Einbeziehung und Absprachen sind keine Floskeln,
sondern gelebte Praxis. Im Zweifelsfall wird bei Diver-
genzen nochmals diskutiert. Führungskräfte wählen
einen partizipativen und offenen Führungsstil und treffen selten Entscheidungen im Alleingang. Sie reagieren
oft als „Primus inter pares". In der negativen Ausprägung könnte es vorkommen, dass alles – wirklich alles
– gemeinsam besprochen wird und dadurch Geschwin-
digkeit verlorengeht.

Loses projektbezogenes Miteinander

Mitarbeiter mit der höchsten Ausprägung auf dem gel-
ben Level sind sehr wissbegierig. Sie schätzen es, unab-
hängig zu sein, kompetente Kollegen um sich zu haben
und spannende Aufgaben zu bewältigen. Status und
Rang sind ihnen weniger wichtig. Dieser Level lässt sich
daher nicht über die klassischen Motivationsinstru-
mente und Karrierewege motivieren. „Gelbe" wollen
vielmehr Fachkompetenz erleben und ausleben und in
ihrem Sinne die Projekte und Aufgaben erledigen. Dies

macht sie im herkömmlichen Sinne nicht leicht führbar. Hier geht es deshalb vielmehr darum, die richtigen Rahmenbedingungen zu gewähren, die die Leistung ungehindert zulassen.

Menschen wollen und können nicht alle gleich geführt werden, weil jeder Mensch seine ganz individuellen Wertvorstellungen hat, die ihn prägen. Auch eine Führungskraft lebt in ihrem persönlichen Welt- und Werteverständnis und wird in ihrem Führungsverhalten natürlich ebenso von diesem geprägt. Allein die Führungskraft ist nun dafür verantwortlich, dafür zu sorgen, dass ihr Führungsverhalten zu den Werteebenen der Mitarbeiter passt. Dabei haben die Mitarbeiter jeder Ebene …

- *Vorlieben und Abneigungen im Hinblick auf Aufgabenbewältigung, Arbeitseinstellung, Kompetenzen, Verantwortung etc.,*
- *einen anderen Umgang mit Erfolg und Niederlage,*
- *andere Erwartungen hinsichtlich guter Leistungen,*
- *unterschiedliche Erwartungen an die Führung und die Person, die führt,*
- *völlig unterschiedliche No-Gos in Sachen Führungsstil.*

Führung muss sich auf jeden Einzelnen einstellen und ihn an die gemeinsame Aufgabe des Teams oder der Gruppe heranführen. Eine herausfordernde Aufgabe, die jedoch begeisterte Mitarbeiter hervorbringt!

Fast Reader

1. Werteorientiertes Führen

Jedes Unternehmen, das heute erfolgreich sein möchte, muss mit seinen Unternehmenswerten nicht nur die Erwartungen der Aktionäre erfüllen, sondern auch die der Mitarbeiter und der Allgemeinheit als ganzer. Kann sich ein Mitarbeiter mit den Unternehmenswerten seines Arbeitgebers identifizieren, ist er auch eher bereit, sich für das Unternehmen einzusetzen.

Entscheidend für Unternehmen heute sind allerdings die Zahlen – der Mensch wird dabei leider meist nicht beachtet. Bringt ein Mitarbeiter gute Leistung, ist er „sein Geld wert". Bringt er sie nicht, wird er schnell ersetzt. Dass ein Unternehmen, und mit ihm die Führung, es jedoch selbst in der Hand hat, „wertvolle" Mitarbeiter zu bekommen und auch zu halten, haben viele Führungskräfte noch nicht begriffen. Wer seine Mitarbeiter gerne in seinem Unternehmen halten möchte, muss mit seinen Unternehmenswerten auf deren Bedürfnisse eingehen und ihnen eine Arbeitsstelle bieten, die sie persönlich erfüllt. Werteorientiertes Führen lautet hier das Schlüsselwort.

Werte sind Orientierungsgrößen und Leitplanken für unser Denken und Handeln. Führung funktioniert oft nicht, weil die Führungskraft in ihrem eigenen Werteverständnis lebt und meist nicht in das Werteverständnis und die Welt der Mitarbeiter eintauchen kann. 9 Levels of Value Systems hilft, das Werteverständnis jedes einzelnen Mitarbeiters, einer Gruppe oder einer ganzen Organisation zu verstehen und ebnet den Weg für werteorientierte Führung. Denn werteorientiertes Führen ...

- **ist ganzheitlich ausgerichtet, d.h., es orientiert sich an der Persönlichkeit des Mitarbeiters,**
- **ist eine Orientierungsgröße für die Mitarbeiter,**
- **bietet Leitplanken für deren Denken und Handeln,**
- **versucht, das Zielanspruchsniveau der Mitarbeiter zu beeinflussen,**
- **strebt eine Veränderung von Bedürfnissen und Präferenzen der Mitarbeiter an.**

2. Warum Werteorientierung?

Studien in großen und mittelständischen Unternehmen haben ergeben, dass zwar alle Führungskräfte denken, die Mitarbeiter seien über die Unternehmenswerte informiert – aber nur die Hälfte der angestellten Mitarbeiter mit und ohne Führungsverantwortung stimmen dem festgelegten Leitbild zu. Nicht jeder Einzelne steht also klar dahinter. Das ist fatal für den Erfolg eines Unternehmens.

Die Herausforderung für Unternehmen liegt darin, aus dem Gros an individuellen Werten und Vorstellungen einen Konsens zu schaffen. Denn: Eine von allen Mitarbeitern gelebte Werteorientierung führt nicht nur zu überdurchschnittlichem Wachstum, sondern auch zu mehr Zufriedenheit.

Werteorientiertes Führen ist positiv ausgerichtet, d.h., es schränkt nicht ein, sondern motiviert und treibt an. Es ist nicht ausschließlich auf einzelne Situationen beschränkt, sondern eine Aufgabe, die mit den Anforderungen wächst und gelebt werden muss. Werteorientiertes Führen sucht nicht den Führungsstil, sondern ...

- **erkennt die Unterschiedlichkeit der Menschen in ihrem Wirkungs- und Einflussbereich,**
- **richtet den Führungsstil passend zu den Menschen aus.**

3. Das Modell der 9 Levels

Man kann als Führungskraft seine Mitarbeiter besser verstehen lernen, ihnen Orientierungsgrößen geben und sie ggf. zu Veränderungen bewegen – mit dem Modell der 9 Levels of Value Systems. Dieses Modell stellt die Entwicklung von Wertesystemen und Menschen dar.

Es gibt Antwort auf Fragen wie zum Beispiel: Wie passt eine Person in ein Unternehmen? Wie passt ein Team mit seinen Werten zur aktuellen Aufgabe? Ist es möglich, aktuelle und sich demnächst entwickelnde Herausforderungen mit dem aktuellen Wertebewusstsein und Verhalten zu meistern? 9 Levels macht Werte messbar – und damit auch veränderbar.

Verändern sich Rahmenbedingungen, wie der Markt, technische Entwicklungen, neue Jobmodelle oder Kundenbedürfnisse, muss ein Unternehmen darauf reagieren und sich anpassen. Das bedeutet auch, alle Mitarbeiter dabei „mitzunehmen" – vom Arbeiter bis zur Führungsetage –, damit alle voller Kraft in dieselbe Richtung rudern. 9 Levels hilft dabei, ...

- **die Notwendigkeit für Veränderung zu erkennen,**
- **den Nutzen daraus zu erkennen,**
- **die Menschen darauf vorzubereiten, sich an der Veränderung zu beteiligen,**

- *die Menschen durch die Veränderung zu beglei-
  ten.*

4. Führung auf den 9 Levels

*Je nach ihren individuellen Werteebenen denken,
fühlen und handeln Menschen unterschiedlich
und wollen entsprechend geführt werden. Auf jeder Werteebene der 9 Levels haben Menschen
bestimmte Arbeitsmuster, Erwartungen an die
Führung und ein bestimmtes Empfinden für unan-
gemessenes Führungsverhalten. Passt dieses,
spricht man von werteorientierter Führung.*

**Wer die Strukturen seines Teams oder seiner
Gruppe und die Menschen darin kennt und ver-
steht, kann werteorientiert führen.**
- **Die Mitarbeiter verrichten ihre Aufgaben gut
  und gerne.**
- **Die Leistung der Mitarbeiter wird wertgeschätzt.**
- **Das Unternehmen kann gute Mitarbeiter be-
  geistern und im Unternehmen halten.**
- **Konflikten wird vorgebeugt.**
- **Veränderungsprozesse werden entsprechend
  transparent geführt.**
- **Die Führung lebt den Prozess der Veränderung
  vor.**
- **Das eigene Werteverständnis wird der Füh-
  rungskraft klar.**

Der Autor

Rainer Krumm, Geschäftsführer des 9 Levels Institute for Value Systems und der axiocon GmbH, ist Managementtrainer, Berater, Coach und Autor. In über 23 verschiedenen Ländern hat er internationale Unternehmen, Führungskräfte und Teams begleitet, beraten, trainiert und gecoacht. Er gilt als einer der erfahrensten internationalen Berater und Trainer im Bereich Unternehmenskultur und Change Management – basierend auf der Entwicklungspsychologie von Prof. Clare W. Graves. Mit dem Modell der 9 Levels hat er ein Analysetool entwickelt, welches Wertesysteme bei Personen, Gruppen und Organisationen greif- und messbar macht.

Kontakt:
9 LEVELS INSTITUTE FOR VALUE SYSTEMS
GMBH & CO. KG
E-Mail: info@9levels.de
www.9levels.de

Weiterführende Literatur

- Auer-Rizzi, W./Blaszejewski, S./Dorow, W./Reber, G.: Studie „Unternehmenskulturen in globaler Interaktion – Analysen, Erfahrungen, Lösungsansätze", Wiesbaden, Gabler Verlag, 2007

- Bär, M./Krumm, R./Wiehle, H.: Unternehmen verstehen, gestalten, verändern – Das Graves-Value-System in der Praxis, Gabler Verlag/Springer Fachmedien Wiesbaden GmbH, 2010

- Bucksteeg, M./Hattendorf K.: Führungskräftebefragung 2012, Wertekommission, Bonn, 2012

- Beck, D. E./Cowan, C. C.: Spiral Dynamics – Mastering Values, Leadership and Change, Williston, Blackwell Publishing, 1996

- Dilts, R.: Die Magie der Sprache, Junfermann Verlag, Paderborn, 2002

- Graves, C. W.: Levels of Human Existence. Ed. Lee, W. R. Santa Barbara, ECLET, 2002

- Graves, C. W.: The Never Ending Quest. Eds. Cowan, C. C. Todorovic N., Santa Barbara, ECLET, 2005

- Grün, A.: Führen mit Werten, München, Olzog-Verlag, 2006

- Krumm, R.: 9 Levels of Value Systems, Haiger, werdewelt verlag- & medienhaus, 2012

- Rochus Mummert Unternehmensberatung: Studie „Leadership im Topmanagement deutscher Unternehmen", Hamburg, 2012

- Tad, J./Woodsmall, W., Time Line, Paderborn, Junfermann Verlag, 1991

Register